U0155874

REALITY CHECK

沉浸式技术

引领未来商业世界

How immersive technologies can transform your business

［英］

杰里米·道尔顿

（Jeremy Dalton）

著

陈少芸

译

中国原子能出版社　　中国科学技术出版社

·北　京·

Reality Check:How immersive technologies can transform your business by Jeremy Dalton/ISBN:978-1-78966-633-5

©Jeremy Dalton 2021

This translation of Reality Check is published by arrangement with Kogan Page.

Simplified Chinese edition copyright © 2023 by China Science and Technology Press Co., Ltd.

All rights reserved.

北京市版权局著作权合同登记　图字：01-2023-3928。

图书在版编目（CIP）数据

沉浸式技术：引领未来商业世界 /（英）杰里米·道尔顿（Jeremy Dalton）著；陈少芸译 . — 北京：中国原子能出版社：中国科学技术出版社，2023.10

书名原文：Reality Check：How immersive technologies can transform your business

ISBN 978-7-5221-2940-2

Ⅰ．①沉… Ⅱ．①杰… ②陈… Ⅲ．①虚拟现实
Ⅳ．① TP391.98

中国国家版本馆 CIP 数据核字（2023）第 155730 号

策划编辑	王雪娇	责任编辑	付　凯	
文字编辑	孙倩倩	版式设计	蚂蚁设计	
封面设计	仙境设计	责任印制	赵　明　李晓霖	
责任校对	冯凤莲　邓雪梅			

出　　版	中国原子能出版社　中国科学技术出版社
发　　行	中国原子能出版社　中国科学技术出版社有限公司发行部
地　　址	北京市海淀区中关村南大街 16 号
邮　　编	100081
发行电话	010-62173865
传　　真	010-62173081
网　　址	http://www.cspbooks.com.cn

开　　本	880mm×1230mm　1/32
字　　数	223 千字
印　　张	10.625
版　　次	2023 年 10 月第 1 版
印　　次	2023 年 10 月第 1 次印刷
印　　刷	北京华联印刷有限公司
书　　号	ISBN 978-7-5221-2940-2
定　　价	79.00 元

献给 VR 和 AR 行业的每一个人，他们向我们展示了这些技术的神奇之处。

目　录

CONTENTS

第一章

CHAPTER 1

写在
开始的话

这本书是写给谁的?

本书主要面向那些可能听说过虚拟现实（VR）、增强现实（AR）、混合现实（MR）、空间计算或其他用来表述"沉浸式技术"的术语［这些术语都属于扩展现实（XR）的范畴］，并希望了解更多信息的读者。读者可以通过本书了解到这些内容：

- XR 技术是什么（以及不是什么）？
- 如何将 XR 技术应用到商业场景？
- 不同的组织机构是怎样使用 XR 技术的？
- 实施 XR 技术的实际问题和挑战有哪些？
- 与 XR 技术相关的常见误解和观念有哪些？

如果你正在考虑在你的企业中实施 XR 解决方案，或者只是单纯对 XR 技术感到好奇，你就是我的目标读者。

方法

现在很多行业都在使用同样的 AR 和 VR 应用程序（例如培训类应用程序），如果我按行业逐个细说，那肯定有许多重复内容，无聊透顶。因此，我不打算按行业来评说，我会按应用程序来组织我的看法。然后，我会使用行业实例进行案例研究和讨论，详述 XR 技术在这些行业领域具有价值的原因。有时，我会深入讲述某个行业的案例以佐证某个观点，但我的行文不会有太强的技术性，我也尽量少使用专业的缩略词。这种以应用程序为导向的方法能让你快速将 XR 技术与你的业务建立联系，甚至有可能激发新的想法。

如果 VR 和 AR 都可以作为特定应用的解决方案，我将默认探讨两种技术中更适用的一种。

许多人认为 VR 技术和 AR 技术会在未来融合为一体，而且二者在某种程度上已经通过同时支持两种技术的设备实现了这一点。这个观点很可能是对的，但即使如此，两种技术仍会分别服务于不同的目的，因此我在相关的地方会分别谈论二者，而在共同评价它们时会将二者合并谈论（比如使用"XR"这个术语时）。

如果你拿不准某个技术术语的用法，请翻阅本书后面的术语表。

◉ 内容概述及目标

在今天，VR 和 AR 这两种新兴技术深陷混乱、复杂和矛盾的泥淖。许多人可能会认为这些刚崭露头角的技术还没能为商业做好准备，甚至认为它们根本不能应用于商业场景。这是可以理解的，毕竟媒体关于 VR 和 AR 的大多数报道都是为了吸引我们的注意力而设计的——特别好玩，特别有趣，又特别夸张，因此与消费领域高度相关。

而诸如某组织使用 AR 技术提高销售额、使用 VR 技术来加强培训计划，或使用二者其一来举办可持续和高成本效益的研讨会之类的报道，几乎没有新闻价值。遗憾的是，若公众只看到技术能力的一面，那就会有副作用——公众对这门技术会产生不可避免的"偏见"。在公众眼中，VR 和 AR 很可能只是纯粹的娱乐设备，市场非常小众，只会短暂流行一阵子，而且由于技术不成熟，不具备真正的价值，等等。

许多事情其实早就发生了，只是我们不常听说。比如，福特汽车公司（Ford）自 2000 年以来一直在使用 VR 技术来优化汽车制造过程中的人体工程学；沃尔玛公司（Walmart）部署了超过 17000 套 VR 头戴式设备来进行员工培训；可口可乐公司利用 AR 技术销售了更多的冰柜，降低了退货率；英国国家医疗保健服务系统（National Health Service，NHS）使用 AR 技术，医生可以远程对患者进行诊断——这样的例子，不胜枚举。

据国际数据公司（International Data Corporation，IDC）预测，到 2023 年，全球在 XR 解决方案上的支出将达到 310 亿美元，其中大部分预计来自商业类领域（即非消费类），如零售、银行、制造、教育和公共设备。普华永道公司的全球经济影响分析报告预测，到 2030 年，XR 技术将为全球带来 15000 亿美元的经济增长，这主要有赖于新兴的和改进的工作方法和学习方法大幅提高生产率。

撤开这些令人振奋的预测不说，在今天，XR 技术每天都有世界各地的组织机构在使用。我想在这本书中重点讲述的，就是当今 XR 技术在商业中实际应用的故事。

◉ 术语定义

VR 和 AR 并非单指一样东西；确切地说，它们包含一系列设备、内容和技术。用户可以在不同的硬件上，以不同的方式体验 VR 和 AR 不同级别的保真度和功能性。图 1–1 指出了现实、增强现实和虚拟现实之间的区别。了解这些内容，可为你在本书或其他地方遇到的主要术语打下基础。如果你想更详细地探索这个领域，请阅读本书末尾的术语表。

图 1–1　现实（a）、增强现实（b、c）以及虚拟现实（d）之间的区别

图片来源：伊曼纽尔·托莫泽伊（Emanuel Tomozei）提供。

现实

先从我们熟知的说起：现实。图 1-1（a）是一张用普通相机拍摄的照片，照片中是一个真实的房间，桌上摆放着一台笔记本电脑。

增强现实

想象你戴着一副智能眼镜，或者打开手机上的摄像头，你在眼镜上或手机上，可以看到图 1-1（b）。此时，你身处同一个真实房间，而笔记本电脑上多了一个信息叠加层。所谓增强现实，就是将数字元素——信息、物体、图像、视频——带入现实世界。

增强现实（有时细分为混合现实）

图 1-1（c）是另一种形式的增强现实（有时被细分为混合现实）。同样，还是刚才那个房间，笔记本电脑已经不是原来的实体了，而是一个看上去各方面都像实体笔记本电脑的数字化笔记本电脑三维（3D）模型。它看上去就像放在桌面上一样，假如我在它周围走动，它也像一台实体笔记本电脑一样，始终在原位，我可以从不同的角度观看它。要做到这一点，你的 AR 设备必须能够识别现实环境中的物体表面。这种类型的 AR 有时会被俗称为混合现实，它可以将数字元素锚定到现实环境中的点上。相比之下，图 1-1（b）中的数字信息文本框只是简单地叠加在现实环境上。你可以把这个场景想象成两个相交

的平面：一个是现实环境的图像，一个是数字信息面板——将其中一个平面叠加于另一个平面之上，就是最基本的 AR 实例。

虚拟现实

在虚拟现实中，整个世界都是数字的。图 1–1（d）的整个房间都经过了数字化重建，也就是说，这张图中所有的东西都是计算机生成的。

如果上面这些术语太过费解，别急，不妨了解我在本书中最常使用的下面这几个关键术语及定义：

● 虚拟现实（VR）：通过头戴式设备或环绕型显示屏，让用户沉浸在完全数字化的环境中。这种环境可以是由计算机生成的，也可以是从现实世界中录制下来的。

● 增强现实（AR）：通过移动设备或头戴式设备，向用户呈现现实世界中的数字化信息、物体或媒体。这些数字元素可以以平面图像或者看似真实物体的 3D 模型形式展示。

● 扩展现实（XR）：一系列技术的统称，从 AR 的部分数字世界到 VR 的完全沉浸式体验都包含在内。有时也会使用"沉浸式技术"或"空间计算"等术语表述。

在此，我对这些术语定义做了概述，以期在我使用这些术语时，读者能与我有共识。想要清晰准确地交流，术语的精准定义非常重要，但说到底，搞清楚技术叫什么，不如搞清楚技术能干什么。

第二章

CHAPTER 2

XR 技术
为何具有商业价值？

◉ VR 技术的优势

VR 技术的强大之处在于它能让用户安全、经济又高效地沉浸在一个环境或视角中，而且比起用物理环境达到相同目的要省时间。这就是 VR 技术区别于其他技术的主要特征。它通过以下方式实现这一点：

● 建立情感联系。成功的 VR 技术能让沉浸式用户在虚拟世界中做出与在现实世界的类似环境中同样的反应。让一名用户站在大礼堂的舞台上，用 VR 设备面对 1000 名观众，用户可能会感到焦虑。把用户连上 VR 程序的接收端，接收程序中的谩骂，他们可能会心烦意乱。用 VR 设备模拟把用户悬吊到离地面 100 米的高空，让他们修理信号塔，他们可能会感到恐慌。换句话说，VR 技术能够唤起用户真实的压力、焦虑、尴尬、同理心以及许多不同工作情景下的相关情绪。

● 创造不受干扰的环境。想想，有多少次你目睹同事在会议中试图集中精神却不断被手机吸引？你是否也曾在视频会议中，将麦克风静音、最小化窗口，然后处理其他事务？现代世界的各种设备充满了诱惑。当你全神贯注于一个完全虚拟的视觉和听觉环境，没有应用窗口可以打开或关闭时，如果你不专门断开设备，从虚拟环境回到真实环境，你就很难快速地查看手机上的通知——不是不可能做到，而是这个过程需要更多的步骤，因此形成了一个自然的抑制因素。

● 消除现实世界的束缚。VR 是一种有效的沉浸式工具，它不会让你囿于现实世界的束缚。你可以在虚拟车间与同事协作，不必亲自前往现实车间；你可以生成无限数量的屏幕，而无须担心运输、设置和供电等后勤问题；你可以观察一间翻新过的办公室，而无须购买任何装修材料。3D 模型可以调整大小，以方便人们观察：分子结构可以放大，高耸的建筑物可以缩小。VR 技术能让用户重温过去的场景或模拟未来的场景，这一使用场景可能影响深远。如果全美航空 1549 航班的引擎失去动力，作为飞行员，你会怎么做？科研人员如何模拟火星上的科研任务？VR 技术就是答案。

◉ AR 技术的优势

● 方便地传达信息。相关信息可以直观地显示在物理环境中，与其所指涉的对象相对应。技术人员通过 AR 技术，可以一目了然查看眼前机器的运行温度和速度，接收如何安全拆卸机器的说明，还可以按照 AR 引导继续维护下一台机器；零售商可以让客户远程查看产品，无须任何专业硬件；现场施工人员可以远程呼叫协助，几秒之内，来自世界另一端的资深同事就可以从现场人员的第一视角加入协作，并圈出要打开的部件、要按的按钮和要拆卸的螺丝。

● 观看本不可见的东西。现实世界中，并非所有东西都是肉眼可见的——比如城市的地下管道系统和我们皮肤下的静脉网络。我们生活的世界有许多隐藏的装置系统，**AR** 技术可以清晰地向我们展示这些信息。

你知道吗？

目前，AR 技术在医疗保健领域用以展示患者静脉的位置。血液中的血红蛋白会吸收红外线，从而减少红外线的反射量。AccuVein 是一种手持式设备，它利用这种现象来识别患者静脉的位置，并在患者皮肤表面投射出静脉的脉络地图。这种设备根据静脉的中心线进行测量，精细度小于人类头发的宽度。临床医生在这种技术的辅助下为患者静脉插入针头时，首次尝试成功率增加了 3.5 倍。

● 解放双手操作。从为患者进行外科手术到对机器进行机械操作，许多场景都需要将双手解放出来。这样做主要的好处是能够节省时间、降低风险，以及消除因作业时必须参考不在手边或不便获取的文档或说明而产生的操作错误。假如你是一名检查车辆底盘的机修工，你需要停下手头的操作，拿出智能手机或印刷材料，查阅一系列复杂的说明文档，把它们记在脑子里，返回作业步骤，再把刚记住的要点应用到作业中——这一通操作下来，既耗时又容易出错，如果你在危险的环境中工作，还可能会发生事故。在某些工作场景下，这甚至是不可能做到的——如果你在半米深的泥地里修理一辆故障的拖拉机，拿出平板电脑来看文档是不现实的。即使不是这种极端场景，在不是绝对必要的情况下，应用解放双手的 AR 技术也可以提高生产力。

DHL 公司：仓库作业利用免手持 AR "视觉拣货"

敦豪航空货运公司（Dalsey, Hillblom and Lynn，DHL）是一家全球领先的物流公司，成立于 1969 年，如今每年向全球 220 多个国家和地区运送大约 1.6 亿[①]个包裹。DHL 公司有超过 38 万名员工，其中有一些员工在仓库工作。

DHL 公司与客户日本理光集团（Ricoh）合作，在荷兰贝亨奥普佐姆的一个仓库搞了一个试点项目，利用 AR 技术分拣货物。该项目为 10 名订单分拣员配备了 AR 耳机。在三周内，他们使用这项技术分拣了 20000 多件商品，完成了 9000 份订单。

在这个试点项目以外，订单分拣工作是通过手持扫描

---

① 原文是"向全球 220 多个国家和地区运送大约 160 万个包裹"，经检索发现，数据大多显示 DHL 每年运送包裹量达 1.6 亿。——译者注

仪和纸质清单的常规方式进行的。通过 AR 设备采用免手持和无纸化的方法，DHL 公司能够提高生产效率、节省时间并减少工作失误。这一点特别重要，因为许多分拣员是临时工，通常需要接受昂贵的培训才能可靠高效地开展工作。使用易于理解的 AR 系统，可在适当的时间向分拣员呈现相关的信息，这非常有帮助。

订单分拣工作占仓库运营成本的 55%~65%，这是实施 AR 技术以节约成本的巨大机会。

DHL 公司与供应商优比迈科斯公司（Ubimax）合作部署了一个基于任务和作业环境定制的 AR 应用程序。这个程序被安装到订单分拣员佩戴的 AR 智能眼镜上。分拣员戴上眼镜后，只需看一眼自己的身份标识卡上的专有二维码，就可以登录。智能眼镜上的摄像头通过扫描分拣员的二维码，识别佩戴者的身份，让他们登录。然后，分拣员就可以开始一天的工作，扫描可用的手推车上的条形码，在眼镜的视野范围内接收操作指引。这些信息包括需要拣选多少货品、货品所在的通道和货架位置、下一个订单的位置以及全天工作总进度。一旦找到货品，就用眼镜再次扫描进行验证，验证通过后眼镜会提示货品应放置的隔层。

分拣员对这个解决方案的评价很高，他们称这套方案易于使用、十分高效。试点项目成功后，DHL 公司在布鲁塞尔和洛杉矶的货运中心部署了 440 副 AR 智能眼镜。

由于应用 AR 技术提高了拣货准确率，DHL 公司的平均工作效率提高了 15%。而且由于系统直观易用，DHL 公司新员工的入职和培训时间也节省了一半。

👁 XR 技术对商业有什么好处？

XR 技术应用得当，可以惠及诸多领域中所有行业的业务。下面是在商业活动中适当应用 XR 技术的成果总结。这些成果的侧重点和适用性因行业、业务和团队的差异而异。

学习与发展方面：
- 更快速完成培训；
- 提高学员的信心；
- 使学员更专注；
- 使学员加强记忆；
- 增加感情投入；
- 减少对培训者的依赖；
- 成本效益更高地完成部署；
- 减少实地培训场所维护成本；
- 提高培训的可移植性；
- 减少现场培训对运营的干扰；
- 通过独特的数据采集，提高学员的洞察力；
- 使高风险培训更安全有效；

- 改善企业文化。

实操技能方面：

- 降低操作复杂性；

- 降低成本；

- 节省时间；

- 减少差旅和相关碳排放，提高可持续性；

- 改进远程协同工作；

- 让远程辅助更有效。

健康与安全方面：

- 减少事故数量；

- 降低事故处置成本。

设计方面：

- 加快上市速度；

- 减少制作物理原型的时间，降低成本；

- 设计理念更容易达成一致。

销售和营销方面：

- 增加新的收入渠道；

- 提高客户参与度；

- 加深对消费者行为的理解。

第三章

CHAPTER 3

学习与发展

　　员工培训不仅与企业的运营能力和效率挂钩，也是提高员工满意度、提升员工留存率、增加企业收入和减少成本浪费的途径。

　　如今的职场员工大多重视自身发展和提升技能的机会。在所有年龄段的员工中，平均有 78% 认为"专业或事业的成长与发展机会"对他们来说很重要。不满意的员工会离开公司，每年因员工流失而产生的损失高达 110 亿美元。同时，能够留住员工的组织机构的营收要比起员工留存率低的竞争对手多 2.5 倍。这些数据揭示了员工与组织机构一致的动机，也代表了一个绝佳机会，可通过部署吸引员工的学习和发展计划，使双方都从中受益。

　　迄今为止，培训有许多不同的方式，培训媒介也多种多样。指导手册、视频课程、在线学习模块、课堂培训和在岗培训等，都是学习与发展"工具包"的一部分。现在，VR 技术也加入了这个"工具包"。

　　组织机构使用 VR 技术主要用于这些方面的培训：

- 如何操作新机器和设备；
- 如何成功且高效地执行新工作流程；
- 建立员工对客户和同事的同理心；
- 传递普通媒介难以传递的信息；

- 如何自信地谈判；
- 如何有效沟通与演示；
- 如何更快转化为销量；
- 如何改善客户服务质量；
- 如何管理难相处的客户；
- 如何提升员工领导力；
- 如何处理突发事件。

如果员工在这些领域受到更好的培训，他们就能更有效自主地完成工作，无须过多监督和指导。他们在未来的工作中会进步得更快，表现得更成功，也能更好地应对挑战。VR技术可用于提供上述主题的VR场景，而无须通过角色扮演或利用公司资源来重新创造培训场景，既方便又节省成本。

目前，课堂培训和在线学习模块是面向大量受众的两种主要培训方法。课堂培训可以提供讨论、互动和角色扮演活动，这种方式对于任务执行流程或相关情况的应对策略等方面的培训非常有效。然而，课堂培训无法对所有人开放，而且针对跨地域的人员进行课堂培训会有相关的后勤和成本问题，这使得课堂培训很难扩展。

相比之下，在线学习模块具有很强的可扩展性，因为员工可以通过笔记本电脑或智能手机参加培训，并且可以按需访问。由于可变成本低，大规模的在线学习也可以节省许多成本。然而，通过点击或触摸屏幕来学习各种技能的效果不佳，而且在这种学习模式下，受训员工注意力容易不集中，还会抱着"完成任务"式的学习态度。

VR 技术提供了一种平衡的学习解决方案，集齐了各方面的优点：

- 与大规模课堂培训相比，价格合理；
- 在许多领域比在线学习更有效，尤其在实操技能和软技能培训方面；
- 比课堂培训更易为世界各地的学员所用；
- 比课堂培训灵活，学员可按需获取培训内容。

学员在 VR 场景下所做的行为更能反映他们在现实世界中的行为。这是因为比起在线学习和课堂培训，一个开发完善的 VR 场景更接近它所对应的现实场景。因此，对一些特定的培训目标来说，VR 培训可能比课堂培训更有效。

你知道吗？

马里兰大学的一项研究发现，比起在电脑屏幕上呈现信息，在 VR 场景中呈现信息，用户能记得更牢。研究人员得出结论，使用 VR 头戴式设备可以使用户回忆的准确率提高 8.8%。

和所有工具一样，VR 技术的有效性取决于它的使用者。设计不佳的体验和无效的技术应用都可能导致用户无法按质完成学习目标。了解什么情况下应该采用沉浸式学习，什么情况下不该采用它，都相当重要。在评估培训活动是否要使用 VR 技术时，要清楚 VR 技术的优势，确保课程体验的设计能够发挥这些优势。

👁 软技能

"软技能"一词在 20 世纪 90 年代初开始普及，它起源于 1972 年的一本美国陆军训练手册，原意旨在与操作"硬"机器的知识（"硬技能"）相对照。这两个词对专业技能进行了区分，"硬技能"指需要技术知识的技能，"软技能"则指与人格特征、行为和人际互动关系更密切的技能。随着使用者熟练程度的提高，软技能会产生积极的成果。这两个概念对许多行业和角色都适用。

软技能的例子包括：

- 沟通能力；
  - 客户服务
  - 谈判
  - 销售
  - 反馈
- 团队合作；
- 领导能力；
- 同理心；
- 冲突管理；

- 压力管理；

- 问题解决能力；

- 决策能力；

- 情景感知；

- 创意；

- 适应能力；

- 职业道德。

员工发展自己的软技能，企业可从多方面受益：

- 提高客户满意度；

- 提高员工满意度；

- 提高销量；

- 提高生产率；

- 提高员工留存率。

今天，软技能对企业的重要性越来越为人们所认识。来自 28 个国家和地区的 1000 多名商业领导者参加了"未来工作全球研究"调查，这些领导者中有一半来自拥有超过 500 名员工的组织机构。据调查，软技能在"最有价值的技能"高居榜首。许多其他组织机构的报告也得出了同样的结论，包括世界经济论坛。

VR 和 AR 可用于大多数软技能培训课程，其中以 VR 最为有效，因为它对用户的情感影响更大。想象一下，当你在数百名茫然盯着你的观众面前登台，试图演示公司的最新计划，计时器无情地倒计时，这个过程简直太煎熬了。但是，在这种场景下形成的所有情绪——不适、焦虑、恐慌，你得真正感觉到你是在舞台上，面对着观众的眼神，才有可能感同身受，这不是在自家客厅里或公司办公桌上自己排练所能比拟的。

沃达丰公司：使用 VR 技术练习演讲技巧

沃达丰公司（Vodafone）成立于 1982 年，是英国一家跨国电信公司，总部位于英国伦敦。该公司凭借移动、宽带和电视产品，在亚洲、非洲、欧洲和大洋洲拥有重要业务。

沃达丰公司聘请虚拟演讲培训公司（VirtualSpeech）以数字化方式重建了大型会议厅"大展厅"（the Pavilion），并为其制作 VR 体验，用于按需进行沟通技能培训。这样，沃达丰公司员工得以在登上真实的"大展厅"向现场观众发表演讲之前，先通过 VR 会议室进行多次练习。

虚拟演讲培训公司花了六周时间，到现场勘察，拍摄全景照片作为参考，并重建了 3D 展厅用于 VR 体验，最后为 VR 展厅配备了虚拟观众，如图 3-1 所示。

除了对现实空间进行数字化重建，"大展厅"的 VR 体验还允许用户做这些事情：

- 上传自己的演示幻灯片和笔记；
- 上传预录的观众提问，以备演讲结束时用。

图 3-1　沃达丰公司大型会议室"大展厅"的真实照片和数字三维版本

注：上图为沃达丰公司大型会议室"大展厅"的真实照片；下图为"大展厅"的数字三维版本，带有交互式幻灯片、计时器、演讲分析数据和虚拟观众。

在演讲过程中，用户可以得到实时反馈。如果他们的声音太轻，设备会弹出通知，建议他们大声一点。

用户完成演讲练习后，设备会向用户呈现对其演讲表现的评估，包括语速、音量、语气、赘词的使用、演讲内容的可听性，以及演讲者与各区域观众目光交流的情况，等等。

演讲表现分析、演讲反馈数据，甚至完整的演讲练习录音都可以保存在应用程序和线上学习管理系统中，用户和管理者可以查看这些内容，了解用户的优势和可改进之处。了解了这些数据之后，用户就可以磨炼自己的技能，带着提升的知识和信息继续练习。

沃达丰公司的员工对该系统给出了正面反馈：每位员工在 VR 培训体验中平均花费 36 分钟，91% 的受访者表示希望沃达丰公司采用更多 VR 培训。

👁 多样性与包容性

商业活动中的多样性与包容性两者虽概念不同，但同样重要并相互交织。多样性意味着要创造一个能更广泛反映现实社会的工作场所，接纳多样的员工。至于包容性，美国人力资源管理协会（The Society for Human Resource Management）将其定义为"实现一个工作环境，使所有人都受公平对待和尊重、拥有平等的机会和资源，能为组织机构的成功做出充分贡献"。

多样性与包容性顾问韦尔娜·迈尔斯（Verna Myers）对这两个概念做出简明扼要的区分："多样性是受邀参加派对，包容性是在派对上受邀跳舞。"

员工的多样均衡性和公平待遇不仅是企业在伦理责任方面的目标，也有助于实现企业的商业目标。这一点，有多项独立来源的研究可佐证：

- 可增加销售收入；

- 可提升赢利能力；

- 可获得更多客户；

- 可增加创新产品和服务的销量；

- 可增长市场份额，扩张新市场；

- 可吸引更多人才，留住更多人才；

- 可降低项目成本；

- 可提升公司的声誉和品牌口碑。

要得到这些好处，需要改变思维方式，理解少数群体所面临的困难，并采取有效行动改变现状。换句话说，领导者和广大员工需要学会换位思考。

可能你已经发现了，要实现这一目标，VR 技术是一种很好的渠道。VR 技术常被描述为"终极共情机器"，因为它能够产生深远的影响：用户能切身感觉到自己与 VR 体验角色之间的情感联系，这可以减少无意识的偏见。

来自斯坦福大学的研究员杰里米·贝朗森（Jeremy Bailenson）和巴塞罗那大学的研究员梅尔·斯莱特（Mel Slater）分别在利用 VR 技术引发用户同理心方面做出重要的研究，在他们的研究中，用户使用 VR 系统体验他人的处境。早在 2006 年，他们的一些研究就已取得积极的成果。

在 2020 年 7 月的一篇论文中，杰里米·贝朗森联合唐纳德与芭芭拉·扎克医学院（Donald and Barbara Zucker School of Medicine）和诺斯韦尔医疗中心（Northwell Health）的学者，研究了 20 分钟的 VR 种族歧视体验给用户带来的影响。这个 VR 体验模块是一项更大的职业发展计划中的一部分，共 112 名教职员参加了 VR 体验，76 名参与者完成了体验后的调查，其中：

- 94.7% 的人认同 VR 是增强同理心的有效工具；

- 90.8% 的人感觉非常投入这个 VR 体验；

- 95.5% 的人认为这次体验增强了他们对少数群体的同理心；

- 67.2% 的人表示他们会改变自己的沟通方式。

这些是主观的研究证据，也有直接测量的 VR 体验对种族偏见影响的客观证据补充。梅尔·斯莱特和他的团队进行了一项研究，让白人在 VR 模块中体验黑人角色，并要求他们参加一个 VR 太极培训班。参与者身着全身运动捕捉套装，好让 VR 模块能实时追踪和复现他们的全身动作。在这项体验前一星期和后一星期，参与者分别参加了一项种族内隐联想测试。仅仅体验了黑人身份 10 分钟，就足以减少参与者一周后的内隐种族偏见。

内隐联想测试测量的是受试者对某个概念（比如黑人、年轻人等）和积极评价（如愉悦）或消极评价（如令人厌恶）之间产生潜意识联系的强度。这种测试可以用来调查人们在许多领域的无意识偏见，包括年龄、种族、性别和宗教，等等。

VR 技术不仅从种族角度，还能从更广泛的角度引发人们的同理心。有一项研究邀请来自至少 8 个种族背景的 560 名年龄介于 15 岁到 88 岁的人体验了一个由斯坦福大学开发 VR 体验模块"无家可归"（Becoming Homeless）。他们接受引导体验一个互动故事，在故事中，他们失业了，不得不变卖个人物品来支付房租。故事的最后，他们被房东赶走，在一辆公共汽车上寻求庇护，同时还得拼命护住自己仅剩的几件物品以防被偷走。研究者为一部分参与者提供了 VR 体验模块，其他参与者拿到的是二维（2D）版本或故事的文本描述，作为对照组。体验结束后，研究人员给参与者做了一些同理心的测量，还要求参与者签署一份支持保障性住房的请愿书。参与 VR 体验的人签署请愿书的可能性要比 2D 版本或文本描述的体验者高大约 20%。

VR 技术不仅能使人们产生同理心，还能激励人们采取行动。《锡德拉湾上的云》（Clouds over Sidra）是联合国和三星集团合作制作的一部微型纪录片。这部短片用 360 度全景摄像机制作，记录了约旦扎亚特里难民营一名 12 岁叙利亚难民一天的生活。2015 年 1 月，这部短片在瑞士达沃斯举办的世界经济论坛上首映，后来又在一次高端捐助者会议上放映。这场活动筹集了 38 亿美元——比预期高出近 70%，并带来了比正常水平高一倍的捐款。

在多样性与包容性领域，VR 技术不仅被用以解决与种族有关的无意识偏见，还被用于解决性别、残障、妊娠和人格类型等方面的问题。

对工作场所的多样性保持开放的态度，不仅是需要去
"学习"的东西，而且是得用心去"感受"的东西。那么，如
何让人们理解这种感受呢？讲故事？当然可以。对愿意倾听的
人来说，倾听他人就是一个很好的开始。更好的办法是让人们
去"感受"它，VR 就是最好的答案。

——萝恩达·布莱顿－霍尔（Rhonda Brighton–Hall），

姆瓦管理咨询公司（Mwah）首席执行官（CEO）

普华永道：测量 VR 技术对软技能培训的有效性

普华永道与 VR 培训方案商科林博世公司（Cleanbox）、
傲库路思公司（Oculus）和塔拉斯宾公司（Talespin）合
作，发布了一项大型全球研究，以测量在软技能培训方
面，VR 培训对比课堂培训和在线培训的有效性。为此，
普华永道公司开发了一个关于包容性领导力的 VR 软技能
培训课程，将 72 套头戴式 VR 设备交付给身处 12 个不同
地点的参与者。

同一主题的课堂培训和在线学习课程早已推出——普
华永道公司旗下的新兴科技事业群和培训与发展部合作，
将这些课程的场景保留下来并应用于 VR 培训模块中。为
了利用 VR 技术的优势，而不是从局外人的角度参与培训，
学员可以直接参与场景，与培训模块中的虚拟同事就人事

聘用、员工事务和成功项目的功劳分配等方面进行讨论。这套 VR 培训课程的设计总共花费将近 3 个月时间。

培训结束后，普华永道公司收集了三类学员的表现数据，发现 VR 学员：

● 接受培训的速度比其他培训方式快 4 倍。2 小时的课堂培训课程（或 45 分钟的在线学习课程）交付的学习内容在 VR 培训课程中只需要 30 分钟。哪怕将新学员熟悉设备所需的额外时间考虑进去，VR 培训仍比课堂培训快 4 倍。

● 在培训后应用所学知识，自信度提高了 75%，比课堂学员高 40%，比在线学员高 35%。

● 情感上更加投入学习内容，比课堂学员多 3.75 倍，比在线学员多 2.3 倍。有 75% 接受调查的学员表示，当他们意识到自己不如想象中那么包容时，他们会突然感觉开窍了。

● 更加专注，比在线学习学员高 4 倍，比课堂学院高 1.5 倍。VR 培训能强制学员集中视觉和专注力，不受推送通知、其他任务以及智能手机等设备的干扰。

此外，该研究确定，VR 培训在规模化培训上更具成本效益。尽管 VR 培训课程的内容建设最初需要投入的成本比类似的在线学习模块或课堂培训高出 48%，但随着实施培训的规模扩大，VR 培训很快就能实现单名学员成本与后二者持平。当学员规模到达 375 人时，单名学员的

VR 培训成本等于课堂培训成本。当学员规模达到 3000 人时，VR 培训的成本效益要比课堂培训高出 52%。

👁 实操技能

利用沉浸式技术培训与工作相关的"硬技能"技术，可以通过在 VR 中重建数字化的培训环境、培训资源和操作规程，或通过 AR 在周围的实操环境和资源上叠加逐步指引，来为组织机构节省培训时间、培训成本，提高效率。

员工在模拟场景中进行实操练习，能够熟悉操作环境和他们需要执行的操作。最终，当他们在真实环境下遇到相同的情况时，这种练习就会成为反射行为。此外，对一些在员工眼中很无趣但实际非常重要的操作任务来说，使用沉浸式培训会比较有趣，比较容易吸引学员投入学习。

用 VR 模拟操作环境或者用 AR 叠加操作指令，都是将环境或操作规程的大量信息数字化到应用程序中的方法，用户可以通过特定的 XR 设备加载这些应用程序。鉴于许多 XR 设备的便携性，这项技术能够以比物理模拟操作规程更低的成本，在全世界任何地方提供有效的培训。

美国航空公司：用 VR 培训机组人员

美国航空公司（American Airlines）总部位于得克萨斯州沃思堡，是世界上机队规模最大的航空公司，旗下有874 架飞机，包括空客（Airbus）和波音（Boeing）十几种不同机型和配置。

在机队规模如此庞大的情况下，培训机组人员是非常困难的，尤其有些飞机无法总是随需随到。而且就算飞机能随需随到，学员也会面临巨大压力，因为他们必须快速完成练习，好让其他人有机会训练，这样小组训练才能及时完成。

美国航空公司希望对空乘人员采用一种更好的培训方法，让他们能按自己的节奏学习，同时在不牺牲培训课程准确性的情况下，提高培训课程的用户吞吐量。于是，他们转而使用 VR 技术实现这一目标，在使用物理模拟器之前，先提升学生的信心和能力。

2017 年，美国航空公司成为全球首家使用 VR 技术进行空乘培训的航空公司。它与量化设计公司（Quantified Design）合作，搭建了一个有 12 个房间的 VR 培训实验室。这个实验室允许 12 名学员同时进行自学培训，练习操作机舱门、熟悉应急设备位置和飞行前检查等内容。这个计划增加了同时接受培训的学员人数，减少了总培训时间。

实验室的入口有一处操作指导台，有 14 个显示屏，向培训师展示学员的姓名、每个培训室的监控视频以及学员在虚拟环境中的第一人称视图。美国航空公司使用的头戴式设备需要与计算机系统进行系留式连接。这种连接方式通常会限制学员培训时的活动范围，不过，他们又采用了背包式计算机，学员可以自由移动。系统会追踪学员解放出来的双手的活动，学员可以真实地拉门把手、开门并最终形成这些动作的肌肉记忆。

VR系统跟学员需要排队在真实飞机上轮流学习的传统系统不同，学员可以在安全的环境中犯错，无须像传统培训那样担心导师或其他学员在后面看着自己。在VR系统中，如果学员犯了错，比如不小心打开了紧急疏散滑梯，只需点击一个按钮，就可以重新开始训练或后退到前一个步骤。

 你知道吗?

如果飞机的紧急疏散滑梯被误放，可能会导致严重的安全危害，航空公司还要花费高达3万美元来复查、维修和恢复预位。假如航班因此被取消，航空公司的损失则会飙升到20万美元。

为测试VR培训系统的有效性，美国航空公司研究了50名学员的培训表现和学员对自己任务执行力的感知评估。研究结果显示：

● 培训后，对自己的表现做出高度评价的学员从培训前的 20% 增加到 68%；

● 要求在物理模拟器上再做练习的学员从 25% 降至 2%；

● 实操练习无差错的学员从 34% 增加到 82%。

这套 VR 培训系统降低了真人培训师和讲师的聘用需求，因为需要重复指导的实操培训变少了。同时，它每年可以节省超过 60 万美元的新员工培训开支，这还不包括减少误放紧急疏散滑梯和提高空乘员工留存率带来的次生效应。

总而言之，这项研究表明，每名学员只需接受 20 分钟的培训，就足以产生显著的影响。

◉ 健康与安全

组织机构通常会特别关注健康与安全问题，因为健康和安全事故可能会造成极具破坏性的后果。

这类事故可能导致人命的损失，还可能导致其他或直接或间接的损失，包括：

直接损失：

● 诉讼产生的法律费用；

● 监管罚款；

● 向伤者支付的赔偿金；

● 伤者的医疗费用（护理费用和后续治疗费）；

- 项目延期；

- 损坏设备的更换或维修费用；

- 生产力下降；

- 劳动力损失；

- 保险费增加；

- 业务流失。

间接损失：

- 降低员工士气；

- 负面宣传公司形象；

- 公司声誉受到冲击。

 ——————————————————— **你知道吗？**

据国际劳工组织（International Labour Organization）估计，每年平均有 380500 起因工死亡事故和 3.74 亿起因工受伤事故。

如果新员工直接在真实环境下练习，可能会发生危险，而 VR 模拟系统允许学员按照现实方式进行实操练习。如果没有采用 VR 技术，组织机构往往会通过大量的理论教学、物理模型练习和资深员工指导来减轻这种风险。然而，物理模型练习的经验往往不可复用或功能不完善，资深员工指导则需要占用两位员工的时间，而使用真实的设备会干扰实际业务的运营。而且，学员在培训中心犯下的任何错误都有可能导致设备发生故障。

你知道吗?

通用电气数字集团（GE Digital）的一项研究表明，在所有计划外停机中，人为失误因素占 17%。该研究调查了多个行业的决策者，包括能源及公共设备、医疗保健、物流与运输、制造业、石油与天然气及电信业。

福特汽车公司：VR 技术辅助制造，减少生产线工伤

福特汽车公司是一家全球汽车制造商，成立于 1903 年，总部位于美国密歇根州。福特汽车公司每年生产约 550 万辆汽车，在全球大约有 19 万名员工。

自 2000 年以来，福特汽车公司一直利用 VR 软件工具来优化其"工业运动员"团队的舒适与安全。所谓"工业运动员"，其实是装配线上的员工，因为他们如同运动员，稍有不慎就会受伤。

在设计新车型时，制造阶段的装配流程必须经过设计、测试和优化，否则装配工可能会受伤。在某些情况下，还可能会因为一个前置装配步骤使得某个部件不可触及，从而导致装配任务无法完成。

福特汽车公司弃用高成本、耗时且影响业务运营的实体汽车模型，转而使用 VR 环境来研究装配工序的人类工效学。他们会让一名装配工人戴上 VR 头戴式设备，沉浸式进入新车型的虚拟工作站中。然后，由 23 个摄像头组成的动作捕捉系统追踪工人的动作，并分析他执行不同装配作业的可行性和熟练程度。

从 2003 年到 2015 年，通过这项技术及其他人类工效学的举措，福特汽车公司将 5 万多名"工业运动员"的工伤率降低了 70%。图 3-2 显示了一名福特汽车公司员工使用 VR 头戴式设备模拟将变速器连接到发动机上的过程。

图 3-2　一名福特汽车公司员工使用 VR 头戴式设备模拟将变速器
连接到发动机上的过程

图片来源：福特汽车公司。

健康与安全方面的考量，并非单指对机器的熟练操作。在实际业务中，紧急情况时有发生，而应对紧急情况唯一的办法，就是在极端压力下冷静遵循正确的操作规程。要针对这种情况进行培训，就会出现我们前面讨论过的问题：在现实中出现紧急情况非常困难，会扰乱正常的业务运营，而且这种应对紧急情况的培训通常无法复用，组织机构却需要为此分配大量的时间、金钱和资源。此外，在许多情况下，这种实景培训要比在 VR 中模拟更加危险。

VR 技术集所有培训方式的优点于一身：它创造出来的紧急情况培训环境可信、易令学员投入且可复用，又没有真实环境可能出现的危险。

壳牌公司：VR 技术辅助应急培训与评估

壳牌公司（Shell）成立于 1907 年，是英国、荷兰最大的石油和天然气公司，总部位于荷兰海牙。壳牌公司在70 多个国家和地区开展业务，拥有大约 8.6 万名员工。

壳牌公司希望找到一种安全、实用且成本效益高的方法，来准确复现储油船意外溢油导致火灾的场景。要满足这种需求，在线培训显然不足以激发学员在事故中的强烈情绪。

壳牌公司与英国沉浸科技合作，使用 VR 技术模拟场景，让学员得以像在现实环境中一样，运用所学知识和技能来应付紧急情况。

学员在 VR 环境接受培训时，评估员可以通过 VR 或电脑端软件、网页端界面进入模拟环境。评估员可以控制培训环境的各方面参数，如起火的时间。这样可以让培训更加动态和灵活，学员不会提前得到任何警告或指示，自始至终都要保持警觉。

VR 背景中，警报声震耳欲聋，喷洒器的水如大雨倾盆而下，学员在巨大的汽油储罐旁与熊熊烈火搏斗。这套 VR 体验在视觉上和听觉上都足够震撼，以确保学员能在高压状态下冷静执行适当的操作。

在 VR 环境实施这一培训后，壳牌公司得以在这些方面受益：

- 能有效、安全、持续地复现高风险训练场景；
- 让更多学员参与溢油事故场景的训练；
- 获取客观且可追踪的数据。

与其他类型的培训相比，VR 培训更快、更便宜、更具挑战性、更有趣，而且更深入……今天的沉浸式培训让人难以抗拒，因为它比其他的都好。

——乔里特·范德托格特（Jorrit Van Der Togt），
壳牌公司人力资源战略与培训执行副总裁

总结

● VR 是一门强大的技术，只要设计得当，它就可以提供有效的软技能和实操技能培训。

● 与课堂培训和在线培训相比，VR 培训学员在应用所学知识时更有自信，与培训内容有更深的情感连接，注意力更加集中，所需学习时间更短。

● 部署 VR 课程需要大量的前期成本，但只要学员人数到达一定的量，VR 培训就可能比课堂培训或在线培训具有更高的成本效益。

● VR 培训集所有培训方式的优点于一身：它能创造出可信、易令学员投入且可复用的紧急情况培训环境，而且不像真实环境那么需要相关成本、容易被干扰或可能出现危险。

远程协助

机器用起来非常复杂，至少在未经培训的人看来如此。虽说在员工正式开始工作之前对他们进行一番培训并不难办，但要针对每项可能出现的操作任务都进行适当的培训是非常耗时的。因此，许多员工培训都是在资深团队成员的直接指导下边干边学的。这种培训方法的缺点在于，当新员工遇到新任务或高难度任务时，他能否完成任务就取决于资深团队成员是否在现场协助。这种方法成本高昂，而且会消耗大量劳动力，说到底是一种低效的方法。

定期及有效地指导员工解决新问题不仅是一件业务方面的重要事项，而且是培训新一代劳动力的关键。如今劳动力老龄化程度增大，技术人员流动率增高，进入人力市场的年轻人越来越少，这个问题就越来越重要。

AR 技术对知识共享很有帮助，不在现场的专家可以通过 AR 设备观看现场，并通过视频通话为现场人员提供建议、共享相关文档，还可以对物理环境进行标注，从而突出显示环境中特定的区域和指令，而这些操作都不需要现场人员用手完成。比如，远程专家可以通过视频辨认机器型号，向现场人员发送正确的操作规程文件，并在画面上圈出特定区域，这个圈框会叠加在现场人员的视野内，不会消失。现场人员在执行必要操作的时候，这些信息都会保留在他们的视野中。

在接受调查的高绩效服务管理机构中，有 25% 将 AR 技术用于远程知识协作，而其他组织机构的这一比例为 17%。比起不使用 AR 技术的组织，使用 AR 来辅助维修设备的组织平均在以下方面受益：

- 客户留存率提高 11%；
- 客户满意度提高 8%；
- 业务收入增长 3%~4%；
- 在行政管理上花费的时间减少 6.3%。

贝克顿·迪金森公司：通过 AR 远程协助同事

贝克顿·迪金森公司（Becton Dickinson, BD）是一家医疗技术制造和销售公司，总部位于美国，拥有大约 7 万名员工。

贝克顿·迪金森公司在远程专业知识协作方面面临着困难。它在墨西哥提华纳的一家工厂专门为医院生产医疗保健产品，但相关机器操作起来非常复杂，而掌握这些机器专业知识的故障排除专家身在美国圣地亚哥。通常，在这两座城市之间往返需要一小时，包括通行边境口岸，由于公司要求对机器进行常规排障，因此生产前的等待时间就会延长，从而影响正常运营和赢利。

为了提高有效远程协助的能力，贝克顿·迪金森公司开始采用 AR 技术。他们给现场员工配备了 AR 头戴式设备和软件，让他们接收远程专家的视频和音频共享、标注和文字指引，与排障团队建立强大的双向沟通渠道。排障团队的专家能够看到员工的视野，诊断出问题所在，提供解决方案并且做出远程操作指引。即使在嘈杂的机器楼层，沟通也很清晰，系统的语音识别功能可以灵敏地理解任何语音指令。每个远程支持会话都可以保存下来，供日后培训或重现故障场景时参考。

采用 AR 技术之后，贝克顿·迪金森公司的机器维修速度提高了 60%，而且由于 AR 能成功辅助维修，专家无须跨越边境前往墨西哥，从而节省了差旅费用。另外，这对员工也有好处，他们会感到自己的权能增强了，因为能够快速高效地联系上专家。这也有利于远程专家，他们减少了差旅需求，可以更好地平衡家庭与工作。

使用 AR 进行远程协助并不限于工业领域，任何需要专家定期参与的工作岗位都能从中受益。客户服务团队的效率可以通过 AR 技术来提高，以便更好地帮助客户设置、配置和检修他们的设备；保险公司可以通过 AR 技术更高效地办理理赔手续；医院可以采用 AR 技术查房，既能持续关注患者，又能减少医护人员感染传染病的风险。

英国国家医疗服务体系：医生利用 AR 技术查房

英国帝国理工学院医疗保健 NHS 信托基金会（Imperial College Healthcare NHS Trust）成立于 2007 年 10 月，与世界排名前十的帝国理工学院合作经营。该组织是英国同类组织中规模最大的一家，在伦敦经营 5 家医院，拥有 1.1 万名员工，每年要接待超过 100 万名患者。

詹姆斯·金罗斯（James Kinross）医生是一名外科顾

问医生，也是帝国理工学院的高级讲师。在目睹 29 名医护人员在新冠疫情期间与患者近距离接触之后，他意识到必须采用新的工作方式。微软为此提供了解决方案，那就是 AR 头戴式设备。这样，查房不再需要多名医生和护士拖着电脑在患者之间穿梭，一名佩戴 AR 设备的医生就可以承担这项任务。

佩戴 AR 设备的医生可以通过语音和视频与团队成员进行远程沟通，并通过设备前部的摄像头将患者的单一视图传送给团队成员。

AR 远程查房有效降低了与新型冠状病毒接触的临床医护人员数量，从而减少了医护人员个人防护设备的需求数量。用户通过语音、眼神、设备能识别的空中手势或动作来控制 AR 设备，减少了使用台式电脑时必要的身体接触。由此，病房的清洁工作减少了，病毒传播的风险也就降低了。

采用 AR 技术查房的初步结果表明：

● 每次查房所需工作人员数量减少 66%~83%，每周节省 50.4~55.4 小时的查房工时；

● 每个病房每周所需的个人防护设备减少 106~420 套；

● 查房所需时间减少 30%。

此外，工作人员觉得 AR 技术可能改善了医生与重症患者的沟通。这可能是由于现场医生与患者一对一沟通，同时与远程团队连线，后者能看到患者的信息并与其互动。

患者习惯看到临床医护人员穿戴全套个人防护设备，包括护目镜、口罩和手套，因此再配备一个 AR 头戴式设备也相当自然。儿童患者不会觉得 AR 设备令人生畏，家长和成年患者也很欢迎创新技术，尤其这种设备还能减少患者暴露在病毒中的风险。

第四章

CHAPTER 4

商务运营

◉ 协作、会议和远程工作

我们的世界变得越来越互联互通：截至 2020 年 7 月，全球活跃互联网用户达到近 46 亿人（约占全球人口 60%），比 2010 年增加了近一倍。人们从产品和服务中获得的收入也更多了：2019 年全球国内生产总值（GDP）达到 850000 亿美元，比 2010 年增长了近 30%。这一切发生的同时，越来越多人开始远程工作。从 2010 年到 2020 年，每周至少一次在家工作的人数增长了近 400%。

在这些趋势的驱动下，人们对有效的远程工作解决方案的需求越来越强。视频会议已经成为企业员工的一种常用工具，既方便又容易上手，支持移动设备和桌面设备。视频会议是一种便捷的解决方案，适合远程沟通、同步信息、演示和其他形式的信息交流会议。

如果需要更深入的协作，或者需要互通一些 3D 信息，XR 技术就是一种强大的解决方案。使用 VR 技术，用户可以唤出虚拟环境，拥有与现实环境基本一致的所有协作基础设施和功能（比如白板、屏幕、便签等），以及一些只有虚拟环境才有可能实现的功能（比如实物大小的 3D 模型、对与会者位置的即时控制等）。这是创意研讨会、创意会议和设计评审会议的理想解决方案。

都柏林大学与爱尔兰银行、VR会议软件服务商MeetingRoom.io合作进行的一项研究发现了VR在协作方面优于视频会议的地方。研究组招募了一百名参与者，让他们以不同的顺序分别体验VR会议和视频会议。研究发现，VR会议的参与者感觉更沉浸其中，与其他与会者更亲近，因此能更加专注地投入会议讨论。有一些参与者太投入了，甚至忘了自己身在银行，旁人能听到他们说话！

AF集团：在挪威高速公路项目中使用VR协作

AF集团（AF Gruppen）是挪威第三大建筑和土木工程公司，总部位于挪威奥斯陆，拥有3100名员工，在中国、挪威、瑞典和英国均有经营业务。

AF集团有一个项目，要建造一条连接挪威克里斯蒂安桑市西部和曼达尔镇东部的四车道高速公路。这条19千米长的公路涉及整合47个不同的结构，包括5个双轨隧道和8个双轨高架桥，预计2022年秋季完工。该项目价值47亿挪威克朗（约4.8亿美元）。

可以想象，这个项目极其复杂且技术难度极高，有数百个（预计很快超过1000个）建筑信息建模（BIM）文件，包含与各种结构相关的图形、组件和其他数据的详细信息。

在整个项目过程中，各道路部分及其相邻结构的进度有所不同，施工建设工作会随之进行。要确保项目按时间表进行，对各部分的建设进度进行准确而迅速的沟通是至关重要的。现场经理、领导、工程师、BIM 专家和其他干系人①要定期会面，讨论当前施工进度和后续建设计划。这种设计评审会议往往会先于相关施工 3~4 周举行，以确保在正式施工阶段开始时，所有事务都准备就绪。

为了辅助这类协作会议，并以一种强大的方式可视化建设方案，AF 集团采用了 VR 技术。在硬件方面，他们部署了四套头戴式设备：三套放在克里斯蒂安桑的项目办公室，那里有 400 名员工；一套放在奥斯陆总部，那里是设计师的办公场所。他们使用的软件是奥斯陆的十维公司（Dimension10）开发的，软件支持将 3D 设计导入 VR 环境中，并于其中与多方干系人协作。

从 2019 年 2 月到 12 月，AF 集团土木工程部 BIM 经理兼 XR 技术负责人鲁内·休斯·卡尔斯塔德（Rune Huse Karlstad）与斯坦福大学综合设施工程中心（Center for Integrated Facility Engineering，CIEF）合作，分析了使用 VR 技术对设计评审会的影响。在此期间，他分析了涉及 16 位干系人的 8 次 VR 设计评审会议，并根据 CIFE 开发

---

① 项目干系人指积极参与项目或其利益受项目实施或完成的积极或消极影响的个人或组织。——编者注

的虚拟设计及建设框架（VDC），在每次会议结束后调查跟踪用户的量化指标，再按月报告调查结果并迭代计划。

据卡尔斯塔德的分析报告，在这些会议之前，大多数用户（56%）对 VR 只有较低水平的经验（满分 10 分，他们不到 5 分）。为了解决这一问题，他们在十维公司的平台上开展了为时 15 分钟的个人或两人一组的培训，向员工教授基础知识。他们还提供了一页文档和一个教学视频作为参考，教员工如何在 VR 环境中导航及如何发起会议。

有些员工在此之前甚至没有使用过平板电脑，因为他们的工作岗位不需要用。尽管如此，许多人还是觉得 VR 系统直观、吸引人、好玩，而且乐意基于他们体验的内容来提供意见和反馈。总的来说，有 62.5% 的用户认为启用和打开 VR 会话很简单，75% 的用户能够在每次 VR 设计评审会议中找到并加载必要的 BIM 文件。这就表示，用户不需要对 VR 技术有丰富的经验，即可熟练使用该技术。至于其他那些觉得有困难的用户，每次会议都会配备一名 VR 技术人员在场提供支持，并摄制相关截图、录制会议过程，以供未来参考。

在建筑行业的设计评审会议上，发现并解决潜在问题是很常见的。75% 的用户认为 VR 技术能帮助他们更好地理解这些潜在问题。另有 12.5% 的用户没有遇到要讨论的问题，只有 12.5% 的少数用户在这些实例中看不到 VR 技术的价值。根据每次会议后与会者对设计方案反馈意见的复杂程度，任何设计变动可能需要设计师花费一小时到三天的时间来处理，以期相关干系人能快速返回会议继续评审。设计师的任何变更都可以瞬间自动同步到利益干系人的系统，好让所有人随时能看到最新版本。

从差旅成本的角度看，VR 会议比传统会议更环保、更省时，成本也更低。传统会议可能需要 8 人到 20 人从奥斯陆搭乘飞机到克里斯蒂安桑，尽管飞行时间不到一小时，但出行准备、登机程序和当地交通情况导致人员至少人均花费五小时。加上其他所有因素，每人每次差旅的财务成本在 1000 美元到 1500 美元之间。

总的来说，一个 15 人的团队要完成这样一趟差旅需要 75 个工时，平均花费近 2 万美元，约排放 3 吨二氧化碳。而会议本身只需要几小时。使用 VR 技术，所有人花费的时间就仅限于会议时间范围内，财务成本显著降低，二氧化碳排放几乎可以忽略不计。据此，有超过 80% 的用户认为使用 VR 环境可以足够有效地召开这种设计评审会议，因而愿意放弃往来项目办公室的差旅需求。其余 20% 的用户就在项目办公室工作，因此对这个问题他们可以直接忽视。没有一名用户反对这一看法。

从投资回报及纯粹的财务角度来看，采用 VR 技术之后，硬件和软件的成本在仅仅几次会议之后就收回了。

从 2019 年 4 月到 11 月，AF 集团召开的此类 VR 会议数量从 16 个增加到 34 个，会议花费的时间也从 6 小时增加到 32 小时，分别增长了 113% 和 433%。VR 技术在协同设计评审会议中的应用显著且持续增长，这充分体现了 VR 技术的好处。

AF 集团使用 VR 技术与客户进行交流、协作和可视化展示，效果拔群，连内部设计团队也已经为自己的会议部署了这项技术。

虽然我们今天也在标准屏幕上使用 3D 模型，但 VR 技术开辟了一个新的维度，我们可以更轻松地看到项目要在什么地方建造什么东西。

——鲁内·休斯·卡尔斯塔德，
AF 集团土木工程部 BIM 经理兼 XR 技术负责人

再往深一层看，VR 技术不仅可以用于团队会议，还可以用于更大型的研讨会等活动。由于虚拟现实不受现实世界物理规律的限制，活动场地的规模不再是问题，还可以采用各种视听特效，参与者可以从他们想要的任何角度来体验这些活动。

HTC 公司：将大型会议从现实世界转移到 VR 环境

宏达国际电子股份有限公司（即 HTC 公司）是一家移动设备和 VR 头戴式设备制造商，也是 VR 行业的一个主要玩家。HTC 公司的总部位于中国台湾，在全球拥有大约

5000 名员工。

2020 年 3 月，HTC 公司举办了首届虚拟生态年度行业大会，这次大会以完全虚拟的交互形式举行，成为第一个完全由 VR 环境替代现实环境的大型商业活动（图 4-1）。约 2000 名与会者来自超过 55 个国家和地区，大会时长近 4 小时。一些知名人士发表了演讲，包括 HTC 公司董事长王雪红（Cher Wang）和"VR 之父"托马斯·弗内斯（Thomas Furness）博士，后者自 20 世纪 60 年代以来一直领导着 VR 技术的开创性研究。大会专门为每位演讲者制作了数字化身形象，在虚拟舞台上代表他们进行演讲。

图 4-1　HTC 公司首届 XR 虚拟生态年度行业大会现场

大会的虚拟环境是定制的，包含许多特效，比如三架喷气飞机飞过为大会开幕，对主讲台进行 3D 化以吸引观众注意力及帮助演讲人传达观点等。

其中一位演讲者是 HTC 公司 Vive 部门中国区总裁汪丛青（Alvin Wang Graylin），他评论说，XR 技术有一个最大的好处，就是它能够消除用户对距离和界限的感知。

数据可视化

如今，针对数据进行收集、可视化、分析和交流的能力对任何组织机构来说都越来越重要。

全世界的数据量超级庞大

要想对这个世界正在生成的数据量有个大致的概念，你可以这样算：我们每天发送 2940 亿封电子邮件，发布 5 亿条推文，进行 50 亿次搜索。也就是说，平均一分钟内，我们要发 1.88 亿封电子邮件，发布 87500 条推文，进行 380 万次搜索。

当然，电子邮件、推特（Twitter）和互联网搜索太普遍了。我们不妨考虑一个比较小众的领域——汽车移动物联网技术（简称车联网）。车联网是一种物联网生态系统，也就是说，它们收集数据，并将数据提供给车主和其他相关干系人。这种实时通信系统可以在汽车发生事故时向紧急服务部门发出警报，也可在汽车需要更换机油时通过智能手机通知车主，或者在导航路线出现大型交通拥堵时推荐新路线。

这也意味着它们会产生大量数据：每一辆联网汽车每天会产生 4 太字节（TB）数据，而且预计将有 7600 万辆联网汽车运往全球。单是车联网就产生了超过 3 亿太字节的数据，而这还只是冰山一角——以小见大，不难看出整个世界产生的数据量正变得有多庞大。

从数据中挖掘出可落地的见解的能力变得非常重要，首席数据官（CDO）这一角色也由此异军突起：美国第一资本投资国际集团（Capital One）于 2002 年任命了第一位首席数据官，后有研究表明，自 2012 年以来，首席数据官这一职位的招聘需求数增加了 4 倍多。

 **你知道吗？**

2008 年的一项调查发现，62.5% 的"《财富》杂志 1000 强企业"的高管称，他们所在的组织已经任命了首席数据官。

XR 能帮上什么忙？

鉴于世界上的数据不断增长的规模及重要性，我们需要开发有效的新方法来收集、过滤、可视化、分析和交流这些数据。XR 技术能够为这一系列操作中较靠后的阶段提供这些能力：

● 处理更多信息的能力。360 度环视头戴式设备用数字元素搭建起来的虚拟视觉大环境可以显示更多数据，也允许用户处理更多数据。

● 更强的专注力。沉浸在数据中，意味着外界干扰最小化，用户可以全心专注于眼前的数据。

● 协作的机会。用户可以在一个显示数据的虚拟空间中协同工作、交流想法和分析数据。

● 与数据的直观交互能力。用户可以通过移动身体和伸手来自然地从不同的角度审视数据，而不需使用键盘和鼠标来代表动作。

● 对连接空间的数据更有效的通信能力。连接到环境的数据得以在环境中展示，使用户沉浸在数据及其语境中。

● 更有效的多维分析能力。要跨多个维度分析数据，需要一种沟通这些维度的方式。在 VR 环境中，用户可以在三维数据空间中行走和浏览数据。这个空间中物体的大小、颜色和形状可用以传达数据更多维度的信息。三维的音频和触觉技术（触觉反馈）也可以用来作进一步扩展——换句话说，除了视觉，VR 技术还可以利用多种人类感官来分析数据的不同维度。

请注意，上述的"维度"不仅指可见的空间维度（一维、二维、三维），也指称数据的属性。比如对城市住宅进行的十二维分析，包括：①住宅的类型；②住宅的大小；③住宅的建造年份；④住宅的市场价值；⑤居民的数量；⑥住宅是否在飞行路径下；⑦住宅的公共交通方便程度；⑧住宅与学校的距离；⑨住宅所在地的分级；⑩住宅的经度；⑪住宅的纬度；⑫住宅的海拔。

思科系统公司：在虚拟现实中可视化组织架构网络和信息流

思科系统公司（Cisco）成立于 1984 年，总部位于美国加利福尼亚州，主营开发、制造和销售网络硬件和软件解决方案。

思科系统公司的"人本网络"（Intelligent Human Network）项目旨在分析团队内部的关系和团队之间的关系。该项目不仅从团队职级的角度，也从同一组织工作环境中成员自然形成的非正式人际网络的角度，来帮助企业将工作流进行可视化。

这种类型的组织网络分析可以为企业提供独特视角，比如可协助企业找出有能力弥合组织内部信息差的中间人。这体现了思科系统公司的一个使命，即让更多团队表现得像他们的顶尖团队一样。

体验设计师查克·希普曼（Chuck Shipman）担任人本网络项目的首席开发人员已经几年了。这个项目最初计划构建成 2D 平台，但由于数据的规模和复杂性，思科系统公司的人力资源团队希望将该项目扩展到 VR 平台上，借此向领导层展示 VR 技术在这类数据分析方面的变革潜力。

于是，他们引进沉浸式数据探索专家团队——倾斜理论（Slanted Theory）来构建虚拟现实组织网络（ONVR）应用原型。思科系统公司在这个原型的沉浸式数据结构中探索员工之间的影响关系和联系。

通过研究员工间关系的细节，可以得见某些员工紧密联系的原因，以及他们由此获得的好处和对组织网络的贡献。根据员工为他人提供的以下信息，该原型可以对员工关系进行分类：

- 信息；
- 决策帮助；
- 问题解决方案；
- 职业建议；
- 个人支持；
- 使命感；
- 创新理念。

这些数据收集自思科系统公司全球 84 个办公地点的员工填写的调查问卷，一共有 3353 人填写了问卷，这些人之间有 9500 种不同类型的影响关系。

这些关系在原型中转化为 3D 空间中大量的点和连接线，用户可以自然地对这些数据进行探索和交互。他们可以用手抓取、旋转、放大或缩小数据集。他们还可以与同事协作，一起探索和交流他们的想法和创意。

查克描述了在 VR 中分析这些数据的好处："我可以专注分析。我可以慢慢分析。我可以吸收这些数据的信息。我可以看到关系的断裂、瓶颈和隔绝。更重要的是，每个人都参与到数据处理和数据发现的过程中：他们的见解会进入同一语境，并可立即为其他人所用。"

思科系统公司委托一家独立非营利性战略研究机构——未来研究所（Institute for the Future，IFTF）撰写一份报告，基于思科系统公司的研究和对相关领域专家的采访来分析ONVR 应用程序，并发掘这类 VR 工具的其他用途。

需要注意的是，XR 技术并非适合所有的数据可视化需求。比如一些 2D 折线图就能呈现、容易理解的简单图形就该保留原样，因为使用 XR 技术对这类数据进行可视化不会增加什么价值。

任何 3D 或更多维度的数据，都可以使用 XR 技术进行可视化并从中受益。如果尝试在 2D 环境中展示这些内容，效果会不理想。由于有些数据会被遮蔽，用户探索起数据就不趁手；又因为大脑需要将 2D 平面转换为 3D 对象，用户会更耗脑力。

VR 技术让我们得以对复杂关系进行可视化，这在 2D 层面是不可能办到的。人类的智力是在 3D 世界演化出来的，我们观察微妙和复杂模型的能力深深扎根于我们的神经系统，而我们的神经系统又是专为我们能在空间化的 3D 世界行走而设计的。

——何宗俊（Toshi Anders Hoo）[1]，

未来研究所新兴媒体实验室主任

---

[1] Toshi Anders Hoo 是华裔、瑞典裔混血美籍人士，网上没有中文名详细资料，经与他本人邮件联系确认其中文名为何宗俊。——译者注

用 AR 浏览书面报告的数据

书面报告本质上是静态的。无论是什么格式的报告，用户下载或打印之后，都不能更改，也不可能在报告上过滤、扩展或定制数据。

AR 的数据交流方式是可互动、可定制且吸引人的，可以帮助克服书面报告的限制。AR 还可以确保它所呈现的所有数据都是最新的，即使发布者更新了报告，旧版本的用户仍可以看到最新的数据。这是有好处的，因为在很多情况下，报告中的数据可以剪切出来并以不同方式呈现，但空间和重点有限制，我们无法把数据的方方面面都呈现出来。不同的干系人有不同的兴趣——有些人会特别关注某个国家、某个年份等的数据。然而，如果要涵盖数据的各个角度，那它要呈现的东西就会非常臃肿、笨重，对读者也没有了吸引力。AR 可以包含所有的数据角度，并且在不影响报告大小的情况下对用户按需提供数据。

在普华永道公司的一份报告《眼见为实》（*Seeing Is Believing*）中，通过 AR 技术，用户可以以秒为单位按比例观看 XR 技术对全球经济的预期贡献大小。用户还可以选择不同的年份——2019 年、2025 年或 2030 年，来观察数据的变化。用户无须安装任何软件，使用自己的智能手机就可以进入可视化界面，因为这份报告可直接运行于支持网页（Web）AR 技术的浏览器上。图 4-2 展示了用户在智能手机上激活普华永道公司《眼见为实》报告中一个 AR 体验模块。

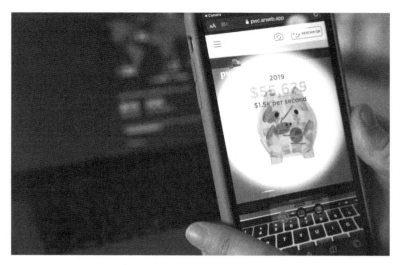

图 4-2　用户在智能手机上激活普华永道公司《眼见为实》
报告中一个 AR 体验模块

图片来源：兰达·迪巴齐（Randa Dibaje）提供。

　　　　　　　　　　　　　　　　　　　　　　总结

● 世界上已有大量数据，而且这些数据越来越
多，越来越复杂，增长的速度也越来越快。

● 用户可以利用 XR 技术，更快速地从数据中获
得洞察力，更直观地与数据进行交互，在单一重点视
图中查看更多数据，还能与他人协作，分享数据分析
结果。

● XR 技术对大型数据、多维数据和空间数据的
可视化最为适用。对于那些可以在 2D 平面理想呈现

的简单数据来说，XR 技术的价值有限。

● AR 技术可以提升报告的价值，为用户提供最新的数据，让他们能更深入地研究数据。

👁 环境与资产可视化

不管用户身处何地，XR 技术都可以帮用户了解环境和资产的细节，以期让用户更好地理解、检查和改进它们。XR 技术已经以这种方式应用到许多领域，包括：

● 工业设计领域，用于设计和制造产品；

● 土木工程领域，用于协调大型项目的利益干系方；

● 消费者研究领域，用于帮助了解买家行为；

● 室内设计领域，用于对比不同的室内布局、材料、颜色和家具；

● 建筑领域，用于与利益干系方同步进行建筑设计；

● 施工领域，用于监督现场施工进度；

● 能源与公共设备领域，用于查看地下基础设施；

● 零售领域，用于推销消费品；

● 旅游业领域，用于推广旅游景点；

● 法医鉴定领域，用于模拟事故、犯罪活动和其他情景；

● 城市规划领域，用于模拟城市设计提案的效果；

● 建筑保护领域，用于保护历史遗迹；

● 新闻领域，用于让用户沉浸式体验新闻故事。

XR 技术甚至被用于企业融资领域，让潜在投资者更好地了解企业及经营情况。

林特贝尔斯公司：使用 VR 技术帮助完成贻贝养殖场的交易

林特贝尔斯公司（Lintbells）拥有约 65 名员工，是一家专门研发宠物营养补充品的英国公司。该公司于 2006 年应宠物主对创新健康产品不断增长的市场需求而成立，主打产品的原料取自绿唇贻贝，而这种贻贝只能在新西兰的特定地区养殖。

在林特贝尔斯公司寻求投资者的项目中，普华永道公司的并购团队担任了首席财务顾问。林特贝尔斯公司研发的含高活性成分贻贝的养殖和捕捞技术对公司的成功至关重要，因此，如何向投资者传达这一点是非常重要的。为了做到这一点，普华永道公司搭建了一个 VR 体验模块，让投资者在 VR 中乘船游览林特贝尔斯公司的近海贻贝养殖场，向他们展示捕捞过程。这个体验模块的 360 度全景拍摄工作由总部位于新西兰的易摹思密沉浸技术公司（ImmerseMe）在当地完成。

使用 VR 技术，可以在更短的时间内，以更低的成本和更少的碳排放量将投资者"运送"到林特贝尔斯公司在新西兰的养殖场里。

普华永道公司使用 VR 技术，让潜在投资者无须搭飞机去新西兰，就可以全面了解我们在新西兰的业务，这不但让我们能够更快速、更高效地开展拍卖流程，还传达了我们的业务最关键的成功因素，这对于我们找到合适的投资者是至关重要的。

——约翰·豪伊（John Howie），
林特贝尔斯公司联合创始人兼首席执行官

设计评审会议

既然 VR 技术能够让用户相信自己身处另一个环境中，那它就可以用来有效地测试环境布局的变化。这种测试可用于美学目的（比如评估餐馆的新墙纸）或功能目的（比如模拟并优化火车站的出入口）。商店的创意设计概念、办公室的新布局，甚至酒店的品牌形象改造，都可以在不扰动真实环境的情况下进行设计评估和迭代。也就是说，不需要将原来的家具从房间的一边拖到另一边，不需要在收纳架上钻孔，不需要砌墙，不需要订购瓷砖，不需要整理地毯样本书，也不需要为照明重新布线。而且，就算是尚不存在的物体也可以在环境中快速地进行模拟和测试。

这样可以减少麻烦，节省大量时间，并且由于 XR 技术实现了有效沟通，最终利益干系方都会对效果更清楚、更投入、更满意。

除了 XR 以外，还有这些设计概念可视化方案：

● 口头或文字沟通：对设计方案进行口头描述或书面沟通。

● 2D 平面设计图：手绘、印刷或数字化的技术图纸。

● 3D 可视化：用户视角的最终设计效果的手绘、印刷或数字化概念，如建筑设计渲染效果。

● 重新布置真实环境：有效地在真实环境中把设计概念布置出来。

这些方法已经在不同程度上应用于多个行业，包括建筑设计、工程管理、施工现场、采矿业、制造业、房地产、零售业、餐旅业和室内设计，它们各有优劣。对于比较小的项目或想法（比如改变零售商店的商品布局）来说，重新布置真实环境是可行的，但对较大的项目（比如重新装修整个商店，从而优化客户体验并最大程度利用高价值库存的吸引力）来说就不现实了。哪怕是相对较小的改动（比如重新布置样板房中现有的家具），通常也需要大量的时间和精力。在其他可视化工具可用的情况下，这种方案自然就令人怵然了。

对设计方案进行口头或文字描述，是一种早期沟通设计愿景的简单方式，但这不适用于大型项目的设计评审，因为对于同一份口头或文字描述，不同的受众会想到不同的画面。巴尔的摩室内设计师帕特里克·萨顿（Patrick Sutton）这样评论 VR："在 VR 方案可用之前，很多设计评审都是以口头沟通的方式或直接由设计师来完成的。如果你不擅长沟通，或者尚未与客户建立起一定程度的信任，那你的设计评审就相当困难了。"

一个设计概念一旦得到客户青睐，它就需要技术细节上的补充和有效的可视化。2D 平面图可以做到这一点，它可以传达房间、区域和物体的尺寸、位置之类的信息。但是，它仍要求用户对 2D 平面图的不同角度进行心理上的转译，才能获得清晰准确的可视化。

3D 可视化是可视化解决方案发展之路的必经阶段，它通过降低用户将设计概念转译为现实画面的心理负担，并且减少由此引起的沟通失误，让我们可以更加接近设计方案的真实效果。

尤其是，通过数字技术呈现的 3D 可视化可以是动态的（比如模拟如何管理学校食堂的排队），这对设计方案的模拟运行是有帮助的。

对于非数字化、基于纸张的设计方案（无论是 2D 还是 3D），目前还很难做出重大的改变，这类设计方案的格式相对不太灵活。

那么，VR 技术如何让设计方案可视化更上一层楼呢？让用户沉浸在 VR 环境中，并且亲身探索这个环境。通过这种方式，环境中的每一个元素不仅可以按人类的大小重建出来，还有可能以一种更强大的方式来吸引用户的感官。比如，用 VR 环境体验一套期房，你可能会由于天花板太低、面积太小而出现幽闭恐惧感；蓝图上看起来还不错的过道，一旦装上边柜或挂上厚相框，沿着过道走可能就会感觉特别窄；仔细观察之后，可能会发现地板和家具的纹理和颜色其实并不相配；房门一打开，可能会挡住重要区域的入口；规划好的三楼卧室窗外景观可能不如买家想象的那样壮观。用户在 VR 中的存在感和自然交互可以帮助他们更快地识别出尺寸、舒适度和美观方面的问题，以便未雨绸缪，解决这些问题。

VR 使利益干系方得以在环境未经建成或改造时就获得第一手体验，AR 则牺牲沉浸感，换取与现实世界的直接连接。只需将移动设备的摄像头对准环境中的适当位置，就可以创建一个通往未来的窗口，将规划好的设计方案叠加在真实环境上。用户可以唤出一个新的户外平台，可以体验住宅扩建的样子，甚至还可以改变住宅外观的颜色。

使用 AR 进行可视化，还可以展示建筑中的隐藏信息（比如墙体立柱的位置），以及对一些设计冲突进行提示警告（比如在橱柜的位置安装电灯开关）。

◉ 隐蔽公共设施的可视化

我们日常视作理所当然的公共设施——天然气、电力、水、互联网，通常是经过复杂的地下管道和电缆网络输送到千家万户的。这些管道和电缆如同生物体中纵横交错的血管网络一般，贯穿整座城市。光是英国，就有超过 150 万千米长（约是从地球往返月球 2 次的距离）的地下公共基础设施。尽管公共设施的网络庞大而重要，但我们很少会想到它，因为它大部分时候都在我们的视野之外。

在最近几周内（甚至今天），你应该在路上遇到过正在进行的挖土工程吧！这可能是你所在地区的基础设施维护工作，也可能是开始建设新建筑、修复损坏的地下管道、种植树木或者铺设新的光纤电缆。

在这些工程开始之前，施工方需要确定所有现有管道或电缆的位置，避免在挖掘时发生碰触——否则会引发公共设施停摆，这种事故从多个角度看都极具破坏性：工人可能受伤或死亡，家用自来水可能断供，天然气泄漏可能造成危急情况，交通可能堵塞，企业可能要停工停产。在一些情况下，考虑到经济损失和社会影响，一次公共设施停摆的总成本可能超过 10 万美元。

你知道吗？

据估计，挖掘工作每年给美国造成的损失高达 60 亿美元。

因此，对这些可能导致公共设施停摆的施工组织来说，准确掌握其挖掘区域内的设施布局显然非常重要。要做到这一点，就需要使用大量不同形式的工具和数据。定位地下设施的需求极大，甚至催生了一个专门定位公共设施的小众产业。

但话说回来，地下电缆和管道的数量极为庞大，有一些密集交错，而且几乎都不可接近，因此，要在地面上可视化这一复杂的地下网络是一项非常艰难的工作。

现状

想象这样一个场景：你有同一个地点的多张地图，每张地图分别详细呈现了不同公共设施的位置和路线，有些是印刷的地图，有些是 PDF 文件。大多数地图（但不是全部）都有与这些公共设施的深度有关的信息。那些有这项信息的地图仅使用一个接近的数字来表示公共设施的深度。用户要将这些信息转译成准确又易于理解的单一综合视图，是非常费力、耗时而且很容易出错。此外，对于那些非数字化的媒介文件，工人们更是束手无策，因为这种文件的信息：

● 更难共享；

● 可能会按不同来源分布展示，以避免单一图表信息太多；

● 是静态的，无法进一步筛选或查询数据；

● 不够耐用。

要应对可能存在的任何错误所导致的危机，显然需要一个更好的系统。

AR 解决方案的适用性

AR 作为一种可视化技术，在这个场景可以派上大用场。AR 可以在真实环境之上放置一个叠加层，将地下电缆和管道的信息显示出来，将隐蔽的公共设施变得可见，从而提供一幅清晰的、可按图索骥的地下设施网络图。

这幅网络图是一个便携、单一的场景整合视图，可以自适应、伸缩，以满足特定的需求。在目标施工地段，可能会有多套公共设施在地下不同的深度上相互交错。如果一名现场施工人员的任务是处理所处深度较浅的有线电视线路,他可以对地下网络图进行筛查,只保留目标线路,好让他的"X光透射图"不那么混乱。这幅网络图是数字化的,因此比印刷版的地图更方便分享,后者只能分享给附近的人。使用地下网络图沟通起来也更轻松,因为信息冗长的单一图表在不同人眼里重点也会不同。而由于理解更方便、更快速,识别和解决问题也随之更快。更清楚地了解施工现场的情况,还能有效减少施工错误,也就意味着事故会更少。

普罗马克电信公司:
研究 AR 技术对公共设施可视化的有效性

普罗马克电信公司(Promark-Telecon)是一家提供地下基础设施定位服务的供应商,总部位于加拿大蒙特利尔,拥有 650 名员工。

该公司与 AR 可视化公司维吉斯(vGIS)合作,进行了一次为期五个月的研究,调查 AR 技术在公共设施定位方面的有效性。该研究在多伦多进行,那里有许多新旧基础设施和私人、商业和工业建筑。研究期间,参与者针对使用和不使用 vGIS AR 软件执行定位任务两种情况分别记录下所需的工作时间。

　　他们分析了许多因素，包括每项工作任务花费的时间、准确性和安全性。他们发现，在 89% 的任务中，每项工作平均能节省 30 分钟时间。将近 75% 的工作任务都在原来一半或更短的时间内完成。总的来说，每个公共设施定位器平均每月可为工人节省 12~20 小时的工作时间。

　　一项针对现场工人的调查显示，84% 的人认为 AR 系统让他们的工作变得轻松。同时，该系统还能有效防止大约 50% 的施工工作出现问题（图 4-3）。

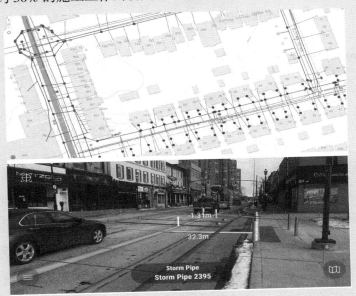

图 4-3　vGIS AR 系统

注：上图是公共设施信息的 2D 展示图。下图截取自 vGIS AR 系统，显示了与真实环境相对应的地下设施。

AR 技术将信息和真实世界的视角相结合。正因如此，它比 2D 数字图表更加易于理解。如果一个概念易于理解，那么它就易于交流，也就不容易出错。

👁 司法鉴定可视化

VR 技术可用于结构化数据点的可视化，也可用于环境数据的可视化。在法律行业，VR 技术一直用于为法官和陪审团提供更丰富的可视化证据。如果相关的证据有许多空间上的细节，比如现场环境、现场周边环境或涉案人员在环境中的互动与案件相关或有时间上的前后关系，那么使用 VR 技术是有意义的。要准确地传达这种程度的细节，光靠文字和图表是非常困难的。

在法庭上，双方可以出示多种形式的证据材料。常见的证据材料有口头证词、示意图、纸质图表、照片、视频、数字地图、法律代表论证、陪审团参观案发现场和视频监控等。其中有许多证据需要将内容从动态 3D 格式转译成静态的 2D 格式。在这个过程中，信息难免会有牺牲——为了向一群人描述一个特定的场景，一些信息丢失了。

1992 年 6 月的史蒂文森诉美国本田汽车有限公司案（Stephenson v. Honda Motors Ltd of America）是最早使用 3D 可视化技术将证据呈堂的案件之一。被告（本田公司）想要有效地证明原告（史蒂文森）在摩托车行车事故中有过错——因为他选择在危险的地势上行驶，以此证明事故不是本田公司的责任。本田公司认为 2D 的照片和视频不真实，因此将地形环境重建成 3D 交互式模拟模块，由此向陪审团传达地形的危险性。法院接受了这一点，认定 3D 视图作为一种证据形式，比 2D 形式更能提供信息、更具相关性且更有价值。

你知道吗？

早在 1989 年，法庭就已经开始接纳计算机构建的 3D 可视化证据。当时，美国司法部制作了达美航空 191 号班机坠毁的动画，用以辅助解说事故的经过。这套方案花费了大约 26 万美元，制作时间将近两年。在这种法庭场景下使用这项技术，在当时非常新奇，此事甚至登上了 1989 年 12 月《美国律师协会月刊》（*ABA Journal*）的封面。

英国法院：接纳道路交通冲突案的 VR 证据材料

从最初的动画到实时渲染的互动式图表，司法鉴定可视化技术已经发展出了 VR 头戴式设备。2016 年 3 月，英国一家法院接纳了 VR 证据材料，以期解决一起已僵持三年、花费近 1000 万美元的道路交通冲突纠纷案。

矛头互动技术公司（Spearhead Interactive）制作了这次交通冲突的 VR 可视化模拟模块。这次制作只花了 4 周时间，回看 1989 年达美航空 191 号班机历时两年制作的 3D 动画，可谓今非昔比。

这个 VR 项目对细节的关注非常全面：他们用激光扫描真实环境，复刻出 3D 环境模型；将车辆模型制作成动画，甚至将轮胎的速度、旋转以及汽车镜子的精确视角考虑在内。此外，他们将英国气象局的数据整合到 VR 场景中，包括天气条件、风速、气温和太阳的位置等，将这些因素作为参考，考虑它们是否对事故有影响。

用户能够在 VR 案发现场四处走动，从不同的关键位置观察事故，包括不同车辆的驾驶位和已知目击者的位置，以此验证或否定各方陈词。有少数无法确定的元素，比如汽车前照灯在事故全程的开关状态。为了演示不同的可能性，这个模拟模块为每辆车配有车灯的开关功能。

这项模拟有 VR 端和电脑端，电脑端可供用户在显示器上观看。

各方事务律师收到这项 VR 证据后，案件在两周内撤诉了，随后的民事诉讼也顺利完成和解了。

不管你喜不喜欢，在未来，这种用于制作电脑游戏的技术将越来越多地用于生成尖端的视觉证据，在世界各地法庭呈堂。

——达米安·斯科菲尔德（Damian Schofield）博士，

纽约州立大学人机交互系主任

VR 技术还为纽伦堡审判提供技术支持。纽伦堡审判是欧洲军事法庭对第二次世界大战中参与大屠杀的纳粹战犯的起诉审判。德国巴伐利亚州犯罪问题办公室按 20 世纪 40 年代奥斯威辛集中营的史料搭建了一个 VR 模型。那些如今已不复存在的建筑是根据存档的蓝图以 3D 形式重建的，因此每一个建筑都得以准确复现。项目主要专家拉尔夫·布雷克尔（Ralf Breker）表示，他们花了五天时间，做出了可导入可视化系统的奥斯威辛集中营激光扫描模型。哪怕是树木，也根据当时的 1000 多张照片进行了精确定位。模型制作的详细程度使用户得以从战犯在特定瞭望塔上的视角来观察集中营，了解他们能看到什么，以及树叶或建筑物是否阻挡了视线，等等。这个项目前后历时六个月完成。

我认为在五到十年内，VR 技术将成为警察查案的标准工具，不是只在德国，而是在全世界范围内普及，因为 VR 可以让犯罪现场留存多年。

——拉尔夫·布雷克尔，德国巴伐利亚州警察局

中央摄像技术与 3D 犯罪现场测绘部门主管

———————————————————————————— **总结**

VR 技术用于司法鉴定领域有诸多好处:

● 更易理解: 用户在 VR 环境中查看 3D 复杂空间证据, 如同在真实环境中一般, 更易理解、处理和记忆。

● 提升效率: 由于用户能更快理解数据, 庭审过程也可更快速地完成。

● 提升注意力: 动态物体更能吸引人的注意力, 比如 3D 可视化物体。当用户沉浸在民事或刑事场景的 VR 环境中, 他们可以排除干扰, 集中注意力。

● 改善结果: 由于用户能更深刻地理解证据、聚焦证据, 证据信息的准确和广泛传达对庭审结果的影响是不言而喻的。

第五章

CHAPTER 5

销售与营销

◉ 新型销售渠道

心理学和行为经济学有一个概念叫"禀赋效应"，它指的是人们会依恋并高估自己拥有的物品——心理所有权和实际所有权一样强大。有研究表明，用户对于自己制作的、触摸得到的和认真考虑的产品会更加重视。

你知道吗?

哈佛商学院迈克尔·诺顿（Michael Norton）主导的一项研究发现，消费者愿意为自己参与制作的产品支付更高的价格。该研究发现，自己动手组装家具的参与者愿意支付比预装家具高63%的价格。这也被称为"宜家效应"。

简而言之，消费者与产品的联系越亲密，他们对产品的拥有感就越强，也就越愿意为之付费。哪怕是数字产品，也同样成立。一项研究发现，如果消费者可以用鼠标旋转产品的3D图像，那么当商家把产品图像呈现给消费者时，与产品的2D图像相比，消费者的心理拥有感提升了18.9%。再进一步，还有一项研究考察了 AR 的存在感（所谓 AR 的存在感，即跟产品的 2D 图像相比，用户通过 AR 观看和感受锚定在环境中的产品图像所能感受到的真实程度）。研究的结论是，与 2D 图像相比，AR 的存在感要高出 174%。我们有理由认为，在用户的真实环境中用 AR 呈现逼真的产品勾画，可以使用户产生更强烈的拥有感。AR 具有呈现任何数字媒体的超强能力，其销售潜力不可低估。

有意思的是，网上购物的体验甚至会受到用户设备的影响。使用平板电脑浏览网上的产品，需要在产品图像上滑动和点击，用户会直接用手指操作产品图像。相比之下，使用笔记本电脑的触摸板或者鼠标，无论是身体上还是心理上，用户都离产品更远。通过平板电脑，使用这种更多调动触感的方式来购物，能让消费者对产品产生更强烈的拥有感，从而提高他们的购买意愿。

这个场景可以与 XR 技术产生一些有意思的联系。使用 AR 设备，用户可以用与上述研究中的平板电脑相似的方式来"触摸"产品，并且与产品的连接度更强，因为产品可以精确地显示在用户自己身处的环境中，还能在环境中移动和旋转。由此，说 AR 是一种有力的销售工具也就不足为奇了。基于此，我们可以预见，随着触觉技术的进步，产品在 XR 技术的加持下，销量能够上升。

VR 技术和 AR 技术都有助于在产品和消费者之间建立更亲密的连接，因为它们促使用户考虑在现实生活中使用这些产品的情景，加强用户对产品的禀赋效应。同时，这种产品体验更接近用户对产品的使用预期，产品的销量会因此提高，退货率也会因此下降。XR 技术通过以下场景，实现了这两个目标：

- AR 技术让顾客得以以数字方式"试穿"个人物品；

- AR 技术可以协助商家在顾客的环境中展示产品；

- VR 技术可用于让顾客沉浸在虚拟环境中，提高顾客的购买意愿。

XR 技术甚至可以用来销售缺货、尚未投产或不便运输的产品，只要通过便携式 XR 设备，就可以将这类产品栩栩如生地呈现给客户。

总部位于中国台湾的台达集团（Delta）在售一套需用 28 个集装箱运输的模块化数据中心解决方案，这显然不是销售团队能够轻松带到会议活动现场和客户见面会上的东西。为了缓解这一困境，台达集团委托制作了一套数据中心解决方案的 VR 体验模块。这样，无论客户身在何处，都可以轻松地向他们展示产品。

AR 技术让顾客得以以数字方式"试穿"个人物品

在考虑购买衣服、鞋子、眼镜、配饰、化妆品等个人物品时，试穿、试用尤为重要。要买一块手表，你总得知道它戴在手腕上是什么样子，是太大，太小，还是刚刚好？它能衬托你穿着的衣服吗？如果用户不亲自前往实体店，不亲手试戴合适的手表，不跟空闲的销售人员交谈，那么要完成这单交易，通常用户需要大量（但不准确）的心理转译和空间意识，才能在手腕这个 3D 画面上想象出一个 2D 的手表。AR 技术可以解决这一问题，通过使用一个可能已存在于你的口袋里的技术，随时随地都可立即将手表数字化，并显示到你的手腕上。已有一些珠宝钟表商采用了类似的技术，顾客可以虚拟试戴戒指、项链和太阳眼镜。

在天梭（Tissot）商店，原本无意购买的"橱窗购物者"可以试戴不同型号的手表——用户将手腕举到相机前，旁边的屏幕上会显示照片，并在手腕上叠加顾客自己选择的手表型号。这种试戴模式将销售额提高了 85%。

通过 AR，商家能为顾客提供产品样品，双方都能得益：

- 消费者无须前往实体店；
- 商家无须存货，无物流成本；
- 产品无实际接触，交叉体验更卫生。

对于化妆品这样的个人物品，哪怕顾客身在实体店，店里有实物样品，AR 实际上也能鼓励顾客尝试更多产品，这要归功于这项技术的便利性和准确性。出于卫生原因，顾客试用化妆品样品通常只会涂到手上，而通过 AR 技术，顾客就可以不加顾虑，把样品直接应用到面部。彩妆品牌贝玲妃（Benefit）、芭比波朗（Bobbi Brown）、封面女郎（Cover Girl）、欧莱雅（L'Oréal）和丝芙兰（Sephora）都使用 AR 移动应用程序或者试妆"魔镜"来满足这一体验场景。

伦敦大学学院参与的一项研究发现，在实体商店使用 AR 体验的消费者平均会试用 18 种化妆品，远多于他们试用实物样品的数量。

得物公司：用 AR 技术试穿鞋子

得物公司（POIZON）是一家电子商务公司，总部位于中国上海，是全球最大的运动鞋交易平台。它创始于 2015 年 7 月，并于 2019 年 4 月跻身"独角兽企业"行列。

在科技领域，"独角兽"常被用于描述估值超过 10 亿美元的未上市初创公司。"独角兽企业"几乎跟神话传说中的独角兽一样罕见！

得物公司与 AR 初创公司维京公司（Vyking）合作，建设了一个能让顾客以数字方式试穿运动鞋的功能。这项功能为顾客省去了访问实体店的时间和麻烦，也让他们有信心去试穿不同的运动鞋。此外，有些运动鞋非常受欢迎，在当地无库存时，顾客根本无法在实体店试穿。这时，AR 功能就派上用场了——用户可以试穿世界上最稀有的 2000 多款运动鞋。

为了实现这一功能，得物公司为几千款鞋子建立了 3D 模型，程序的集成工作花了 5~10 天。然后将这些模型集成到应用程序上的 AR 试穿模块上，用户就可以开始使用这个新功能了。

在每一款鞋子的产品详情页面上，如该款鞋支持 AR，页面会提示用户"虚拟试穿"。用户点击这个按钮，手机摄像头就会打开，鞋子的模型会显示在用户的脚上，并实时跟踪脚的动作。

得物公司在实施这个 AR 试穿功能后：

● 每天有超过 10 万名用户使用该功能；

● 使用了 AR 试穿功能的用户，将商品加入购物车的比例增加了两倍；

● 平均每个用户在 AR 试穿功能上花费了 60 秒。

2020 年年初，得物 App 的流量激增。得益于它的 AR 功能，用户在隔离期间仍得以继续浏览得物 App。图 5-1 截取自某智能手机的得物 App，左图是提示 AR 试穿功能的商品详情页，右图是 AR 试穿页面（图中的鞋子是虚拟的）。

AR 技术可以协助商家在顾客的环境中展示产品

用户可以通过移动设备或头戴式设备查看实体产品，既可自助浏览，也可在销售代表的协助下浏览。产品的 3D 模型可以直接模拟放置于商店、工厂、用户的家中，或者任何相关

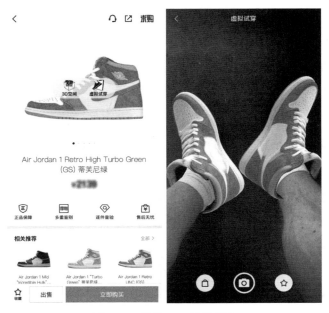

图 5-1　得物 App 页面截图

的地方。AR 技术已经发展到一定的水平，AR 产品模型可以：

● 探测桌台、柜台、地板和墙壁等表面平台，将物品模型放置或挂靠在上面；

● 以 1 ：1 的比例按实际大小展示；

● 锁定在环境中的适当位置，用户可在周围走动，从不同角度观看产品；

● 自动适应周围环境的亮度；

● 随时为用户定制产品。

许多零售商都在使用 AR 技术为顾客提供更加真实和综合的产品详情视图，包括亚马逊（Amazon）、爱顾商城（Argos）、铂傲音响（Bang & Olufsen）、柯瑞斯电脑世界（Currys PC World）、家得宝（Home Depot）、宜家家居（IKEA）和万汇家居商城（Wayfair），等等。

图 5-2 为某零售商网站截图，左图是通过浏览器访问的某零售商网站上，一台厨师机的产品截图。右图为该产品的 3D 模型。3D 模型由爱坎迪公司（Eyekandy）制作。

图 5-2　某零售商网站截图

可口可乐公司：利用 AR 技术销售更多冰柜

可口可乐公司（Coca-Cola）是一家美国饮料制造商，成立于 1892 年，目前在 200 多个国家和地区销售 2800 多种饮料产品。可口可乐公司的总部设在美国佐治亚州亚特兰大,是世界上规模最大的饮料制造商。

可口可乐公司的销售团队在向客户介绍冰柜时面临着不少困难,因为有许多不同外观和尺寸的产品可供选择,他们很难向客户描绘不同冰柜在客户环境中的样子。如果冰柜到货后无法满足客户的需求,可能会造成商业活动延误和客户不满。

针对这种情况,可口可乐公司的销售团队采用 AR 开发商奥格曼特(Augment)的 AR 技术,更好地可视化不同的冰柜,方便客户找到尺寸最理想、与他们的空间最搭的冰柜。销售人员使用智能手机或平板电脑,可选择不同的冰柜风格、颜色和尺寸,并通过设备的摄像头呈现在客户的环境中。

图 5-3 展示了可口可乐希腊公司的一名业务开发人员与保加利亚一家酒店的老板一起设置冰柜的选项,使用 AR 技术在酒吧展示各种不同的 3D 版可口可乐冰柜。

可口可乐公司将该解决方案集成到客户关系管理平台赛富时(Salesforce)中,因此销售人员可以随时在平台上访问到最新的 3D 冰柜模型。只要他们了解到客户的需求,他们就可以直接在移动应用程序上,将这些信息以截图或注释的形式发回赛富时的客户服务记录中。

这样,到了装配阶段,安装人员就可以在客户服务记录中获得准确的详细信息,包括冰柜型号、设计外观和安装位置，而不需要再次询问客户。

以这种方式采用奥格曼特的 AR 技术后，可口可乐公司的冰柜销售额增加了 27%。

图 5-3　业务开发人员与客户一起设置冰柜的选项

AR 销售解决方案不仅限于移动设备。德国工业工程公司蒂森克虏伯公司（Thyssenkrupp）的销售主管们使用 AR 头戴式设备测量客户的居所、评估潜在的障碍，并针对以此定制的座椅电梯解决方案进行报价。客户可以通过 AR 设备在家中看到销售主管推荐的座椅电梯模型。如此，产品的交付时间由40~70 天缩短到仅 14 天。

VR 技术可用于让顾客沉浸在虚拟环境中，提高顾客购买意愿

AR 技术是一种强大的销售工具，而 VR 技术也可用以搭建专用的虚拟展厅给客户参观用，从而达到同样的销售目的。VR 展示的产品可以是环境本身（比如新装修的厨房），也可以是环境中的一个物体（比如虚拟码头上的一艘豪华游艇）。VR 技术作为销售工具，已应用于房地产、汽车、家装、学校招生和度假规划等行业。

路阿克设计公司（Ruach Designs）是一家小型家庭厨房设计公司，位于英国伦敦郊区，团队有 11 人。他们使用 VR 技术帮助客户设计他们梦想中的厨房。

XR 技术可增益产品定制服务和溢价

大约 1/3 的消费者希望能购买到为其量身定制的产品和服务，甚至愿意为此支付 20% 的溢价。然而，商家不可能向消费者展示每个产品的所有款式和变体，因为他们通常没有足够的空间来存放或展示所有的产品。有些产品（比如汽车）的可选定制组合高达数千种。而且，有些消费者的定制项目过于个性化，商家做成库存也没有意义。

读者可从本书的诸多案例看出，XR 技术可以让消费者探索和可视化各种产品，无须受现实环境的限制。在 XR 解决方案实施之后，它能以最低的可变成本推动销售增长。

◉ 新型研究工具

要想以最佳的方式营销和销售产品，必须了解消费者所重视的东西，以及促使消费者做下购买决策的推动力。要进行这样的研究，第一个难点是获取易于扩展分析的数据，第二个难点是为市场研究参与者创造合适的刺激点。产品可以是任何东西，可以是两个设计各异的真空吸尘器，也可以是商店过道里整个货架上的商品。想想，你要如何以一种具有代表性的方式，将产品呈现给市场研究的参与者？

● 把产品寄给参与者。但是，这将产生大量成本，不但要处理仓库物流调度，事后还得确保产品从参与者处安全返回仓库。这种方式也不适合营销陈列的研究分析。

● 以研究地点为中心，在附近招募参与者到研究中心来。不过，这样做可能会限制参与者的数量和多样性，而且研究进度会很慢，因为每天参与研究的人数有限。如果研究地点是一个营业场所（比如商店），那么业务可能会需要暂停，而且成本高昂。此外，如果要做营销陈列研究，制作多个实物样品是非常耗时的。

● 使用 XR 技术。AR 可以将产品数字化，通过参与者的手机嵌入他们家中。VR 可以让参与者沉浸在商店或户外环境中，以测试营销效果。针对这两种场景，全球任何人都可以参与市场研究，研究数据可扩展，并且不会干扰任何业务经营。

你可能会想，没有 VR 设备的参与者要怎么使用 VR 呢？2014 年，谷歌公司发布了一个由硬纸板制成的 VR 设备，可直接在用户的智能手机上运行 VR 模块。有人对它进行了改造，使其支持扁平包装、方便运输。如果大批量订购，这种设备的生产成本只要几美元，因此没有必要担心事后产品返仓的事。尽管这种设备非常简陋，且不适合大部分企业场景，但若要支持大量参与者使用 VR 技术，这是一种低成本、可扩展的方式，非常符合市场研究的需要。

氧气电信公司：利用 VR 数据优化店内营销陈列

英国氧气电信公司（O$_2$ UK）是英国第二大移动网络运营商，拥有 3400 万客户。该公司由英国电信公司（British Telecom）于 1985 年创立，目前归属于西班牙电信公司（Telefónica），总部位于英国斯劳。

为了在全国广泛推广智能家居产品，氧气电信公司先在三家商店各投入了一套新的智能家居产品进行测试。然而，消费者意识、产品客流量和销售额表现都不理想。在广泛推广之前，氧气公司希望尝试不同营销陈列布局的效果，以了解消费者的反应。

于是，氧气公司与沉浸式技术研究专家——"房间里的大猩猩"公司（Gorilla in the room Ltd.）合作，后者录制了一家试点商店的 360 度全景视频，并使用目标智能家居产品的数字化替身替换掉店内的陈列布局，从而打造出5 套 360 度全景视频。同时，他们通过博普卢斯咨询公司（Populus）招募了 400 名对智能家居技术持开放态度的用户。他们将 400 人分为 5 组，分别向他们展示 5 种营销陈列布局。图 5-4 展示了店内陈列布局的一套 360 度全景视频截图及另外 5 个布局的设计。5 个布局分别以数字化形式插入视频，形成 5 套独立的 360 度全景视频。

图 5-4　一家试点商店的 360 度全景视频截图及另外 5 个布局的设计

图片来源："房间里的大猩猩"公司。

博普卢斯咨询公司对此进行了在线定性调查，他们将这套 VR 体验模块整合进调查中，并邀请参与者在手机上参与调查。当参与者点击调查模块中的一个特殊链接时，他们会被提示将手机放置入 VR 纸盒中，以激活 VR 体验。这时，他们就可以自由参观虚拟商店了。博普卢斯咨询公司采用了谷歌公司的硬纸板 VR 眼镜，在调查之前寄送给参与者，才得以完成一项如此大规模的远程 VR 研究。

参与者沉浸在一个类似氧气电信公司实体网点的环境

中，这带来了诸多好处：

- 与未接入沉浸式技术的类似研究相比，这项调查的参与者投入度高出 68%；

- 所收集的数据更准确地反映了实际的销售数据，而传统研究得出的数据会夸大 50%；

- 这些数据为氧气电信公司明确指出了店内陈列的最佳布局，有助于提高消费者意识、客流量和销售额。

全球最大的市场研究专业机构市场研究协会（Market Research Society）对该解决方案公开表示认可，赞许其在沉浸式研究中的有效性。

AR 技术和 VR 技术在未来几年的调查研究中是不可或缺的。

——伊恩·布拉姆利（Ian Bramley），

博普卢斯咨询公司董事、副总经理

◎ 新型营销媒介

消费者会不断渴望新鲜、刺激的体验，尤其是那些可以记录下来、分享以及与社交圈子展开讨论的体验。XR 技术可以实现这种体验，能满足消费者的期待，已有多种品牌以多种方式应用 XR 技术，包括：

- 传达企业文化、产品信息和公司举措；

- 充当新产品的发布平台；

- 吸引消费者到实体店。

VR 是一种极其适合讲故事的媒介。汤姆布鞋公司（TOMS）就利用 VR 技术，带领顾客踏上汤姆布鞋公司秘鲁捐赠之旅（TOMS Giving Trip to Peru），让顾客近距离目睹汤姆斯公司为改善当地的教育和健康情况所做的工作。在一家零售店成功测试了这一模块后，他们将其推广到全球 30 多家商店里。

在新产品发布期间，XR 技术常被用于吸引媒体和客户。捷豹汽车公司（Jaguar）采用 VR 技术发布了首款电动汽车，邀请 300 名知名嘉宾参加了一次汽车 VR 体验之旅。运动品牌亚瑟士（ASICS）则给记者寄送了预装 VR 体验的设备，向他们提供了营销新款跑鞋系列的 VR 体验模块。

一加科技公司：全球首次 AR 产品发布会

一加科技公司（OnePlus）是一家智能手机制造商，2013 年成立于中国深圳，拥有约 3000 名员工。

一加科技公司曾采用 VR 体验模块发布新款手机，但受限于拥有 VR 设备的客户数量，效果并不理想。为了解决这个问题，一加科技公司与布利帕工作室（Blippar）合作，创建了一个 AR 体验模块，以期让全球的智能手机用户都可以在家中舒舒服服地参加一加手机 Nord 的发布会。当时是

2020 年 7 月，那是世界上第一场 AR 形式的产品发布会。

30 万人下载了这个应用程序，通过这个应用程序，就能进入一加科技公司的 AR 发布会。这是一场虚拟的社交活动，用户可以创建自己的虚拟形象，在线上看到彼此，并且通过评论和回应来社交。

通过 AR 技术，一个小型舞台呈现在每个用户的真实环境中。一加科技公司的联合创始人裴宇（Carl Pei）宣布发布会开始。这时，新款一加手机的 3D 模型出现了，用户可以从自己乐意的任何角度去观看这部手机不同颜色的版本。随后，这款手机的部件分解图也呈现给了用户，并突出了一些功能，用户可以更深入地了解手机组件和内部原理。这个发布会还有互动环节——到了发布会尾声，用户受邀输入一个数字，来猜测手机的定价。裴宇身后飘着的气泡显示的就是用户猜测的价格。

发布会在视频网站"油管"（YouTube）上同步直播，但仅提供了固定视角，不支持调整，不像 AR 视图那样灵活，允许用户进行虚拟的自由探索。

这场发布会共有超过 62 万名嘉宾同时参加。这款手机的发布活动打破了多项纪录，包括一加科技公司历史上最高的首日最高销售额纪录和亚马逊印度站预售销量最高纪录。

用 AR 吸引消费者到店

有这样一个现实环境和虚拟技术搭配的好例子：使用 AR

游戏，以游戏内奖励或实体店内奖励吸引消费者到具体地点。奖励可能是游戏中可用于购买游戏道具的虚拟货币或点数，也可能是可以在实体商店购买商品时使用的折扣券，或者一些只有参与体验挑战才能获得的稀有的、受欢迎的产品。有些企业把这些功能整合到自己的应用程序中，比如运动品牌福洛克（Foot Locker）在美国职业篮球联赛（NBA）赛季之初推出的AR寻宝游戏狩猎（*The Hunt*），游戏引导用户到一系列指定地点解谜，换取购买特色鞋类的机会。

不过，构建自己的应用程序不是必需的，直接与现有供应商合作也有诸多好处。游戏《宝可梦GO》（*Pokémon GO*）的开发者奈安蒂克公司（Niantic）提供游戏内的地点，各种规模的企业可入驻游戏成为赞助商。这样，用户可通过游戏了解商店地点，游戏还会鼓励用户亲自到店，以获得游戏内奖励。特殊活动甚至可以错峰安排在客流量上的时间，促使用户在指定时间到店，以填补营业时间的空白。

诸如美国电话电报公司（AT&T）、麦当劳（McDonald's）、斯普林特公司（Sprint）和星巴克（Starbucks）之类的大公司都以这种方式与奈安蒂克公司合作。

你知道吗？

奈安蒂克公司通过游戏《宝可梦GO》吸引了5亿游客前往各地的赞助地点。

与 AR 技术供应商合作是否有效，要看你的业务目标市场人群与开发商应用程序的典型用户统计特征的吻合度。吻合度可能会随着时间的推移而发生变化，也会因国家地区而异，不过有一点可能有点出乎你的意料：在人们的刻板印象中，视频游戏的主要追随者都是男性，但在《宝可梦 GO》游戏中，亲自前往实体商店的玩家中，82% 是女性。

◉ 新型广告渠道

广告通常出现在网络上、电视上、杂志上或公共场所中——任何有机会吸引消费者注意力的地方。因此，鉴于人们花费在数字世界的时间越来越多，数字世界对广告商来说也越来越重要——包括 XR。

2020 年，全球数字广告支出达到 3410 亿美元，传统广告支出为 3790 亿美元。在美国，数字广告支出已超过传统广告支出。

XR 环境中的广告

在 XR 环境中打造符合用户预期和习惯的广告空间，就可以让广告非侵入性地植入 XR 体验模块。比如，在 VR 环境中，虚拟城市的广告牌、虚拟足球场的场边广告牌、虚拟住宅里餐桌上的品牌比萨盒，等等。而在 AR 环境中，比如在用户试图用手机导航到某个地点的场景中，当用户跟随 AR 叠加箭头方向时，就可以植入某个品牌饮料数字自动售货机；或者当用户在家里玩 AR 游戏时，作为游戏广告模式的一部分，可将数字 3D 笔记本电脑植入客厅的桌子上，用户点击后获得详细信息和购买选项。

这就是沉浸式环境中的大规模产品植入式广告。软件开发商可以在他们的应用程序中添加广告位，品牌可以根据自家产品的特征及其与应用程序用户的吻合度竞投这些广告位。开发商可以记录和分析一些重要的指标。广告浏览量、浏览时间甚至更复杂的消费者行为都可以被追踪到，这些是通过分析用户在 VR 环境中的凝视行为、用户的移动设备在 AR 环境中的视图来实现的。

优步公司：VR 应用程序中的广告

在优步公司（Uber）有史以来规模最大、耗资 5 亿美元的"机会无处不在"（Doors Are Always Opening）广告活动中，它与阿德米克斯游戏广告公司（Admix）开展了一场为期 4 周的广告投放活动。这场活动的目的是更新消费者对优步品牌的认知，让消费者产生对未来的乐观情绪，通过鼓舞人心在情感层面与消费者建立联系。基于此，优步公司急欲寻求一种与美国受众群体互动的创新广告方式，并萌生了在 VR 这一方兴未艾的媒介中打广告的想法。

　　在确认活动方案之后，广告在不到一周内就在优步公司应用程序内以横幅广告和视频广告的形式上线了。这批广告优先在相关的数字环境上线，包括模拟驾驶、模拟飞行和社交空间应用程序。这些应用程序的月活跃用户量有将近 100 万，因此，优步公司设定的每日广告支出上限每天都很快消耗完。

　　活动期间，优步公司的广告总共触达 16.5 万独立用户，这些用户总共花费了 19 小时在 VR 世界中观看优步公司的广告。

　　其他在 VR 应用中植入广告的，有《美国国家地理》（*National Geographic*）杂志、美国国家农场保险公司（State Farm）、环球影业公司（Universal），等等。

XR 技术与现有广告渠道的整合

　　XR 除了本身是一个广告渠道，还可以融入现有其他的广告渠道中。由于移动设备在消费者群体中的便利性和普及性，通常能完成这一应用的是 AR 技术。

　　用户只需轻轻一点，社交媒体、网页和应用程序上的广告就会激活移动设备的摄像头，对广告产品进行可视化或 AR 试穿。读者可参考前述的案例。

　　奢侈时尚品牌迈克高仕（Michael Kors，MK）在脸书

（Facebook）[①] 的广告中集成了 AR 模块，消费者可以自定义、可视化 MK 太阳镜，并分享不同的穿戴搭配。为期两周的广告活动为购买量带来了 14% 的增长。

总结

- XR 技术可以帮助消费者更好地理解一家公司的产品，与其建立更紧密的联系。缩小买卖双方的罅隙，可以有效增加销售、降低因产品不符合预期而造成的退货成本。

- AR 技术让消费者得以在自己的环境中试用有形的产品，在自己身上试穿戴个人产品，而 VR 技术可以让消费者体验那些主要基于环境的产品。

- 公司使用 XR，可以更好地了解消费者行为，因为 XR 能召集更多参与者，能让他们在消费者研究项目中更投入，获得更具代表性的体验。

- XR 技术可以创造出刺激、新颖的营销体验，向消费者传达产品的信息，甚至将他们吸引到实体店。

- XR 技术拓展了现有广告渠道的潜力，而它本身也是一种新型广告渠道。

---

① 脸书（Facebook）现已更名为元宇宙（Meta）。——编者注

第六章

CHAPTER 6

实施 XR 技术的
五个阶段

每个 XR 项目的开展都要经过五个阶段（图 6-1），每个阶段各有目标，接下来会一一概述。五个阶段按时间顺序，但有的阶段之间可能会有重叠。在开展 XR 项目时，要确保对每个阶段都深思熟虑，你的项目才有机会立于不败之地。

探索 —→ 规划 —→ 开发 —→ 部署 —→ 验收

图 6-1　开展 XR 项目的五个阶段

◉ 探索：调研、确认及沟通 XR 对项目的价值

VR 技术和 AR 技术是什么？两种技术分别能提供什么？什么组织机构在使用它们，目的是什么？这些技术接下来将如何发展？技术的新发展是否适用于你的组织？将各方面都考虑周全后，你是否发现了你要面临的问题，或者你可能错过的机会？

探索阶段的目的就是理解 XR 技术的价值，并将这些价值传达给项目的利益干系方，比如潜在的项目赞助者，好让他们知悉项目的潜力，以及如何运用这些价值为组织机构解决问题、把握机会。

规划：全面规划解决方案

一旦各利益干系方理解了 XR 技术的价值，并支持接纳 XR 作为潜在的解决方案，下一步就是拟出高水平的项目规划，包括 XR 解决方案的构建、部署和分析。项目规划包括：

- 预算；
- 项目时间表；
- 项目范围，包括内容类型和功能；
- 项目成功标准和衡量指标；
- 数据收集方法（用于分析解决方案性能）；
- 资源配置计划；
- 硬件选型；
- 部署模式，包括硬件数量和安装位置。

项目规划不需要特别详细。规划阶段的目标并非创建一个完整的最终文档集，而是将特定的想法全面地落到实处。通过项目规划，可以避免一些潜在的问题。在某些情况下，高质量的项目规划可以让你放弃整个项目，但这应当被视作好事——一个不当的项目越早终止，代价就越小。

开发：构建并测试软件

这是五个阶段中最为著名的一个，即构建解决方案背后的软件，包括测试软件、修复错误和必要的迭代。开发阶段还包括创建设计资源，如 3D 模型和 360 度全景视频媒体文件，以及这些资源所需的动画制作、编辑或其他需要执行的工作。

开发阶段所得的软件或媒体可在 XR 设备上运行。

◉ 部署：将程序发布给最终用户

XR 解决方案的部署受规划阶段所制订计划的影响，可以多种形式和规模进行。此时，你已有了一款可运行的软件、一款预定义的硬件和一组项目工作人员。你需要将这些资源整合起来，确保最终用户获得最佳体验。

不要忘记收集任何反馈数据，了解解决方案的执行情况。

◉ 验收：分析收集的数据

在部署阶段收集了相关数据之后，本阶段旨在分析项目部署效果，评估其影响并采取改进措施（或改变项目方向）。

XR 项目如同其他项目，尤其是要部署新型技术的项目，面临着诸多挑战。在接下来的几章中，我会试图概述项目过程中你可能会遇到的主要挑战，尤其是与 XR 技术明显相关的难处。我会就如何尽可能克服（或至少缓解）这些难处提供指导，但并非所有挑战都能解决——在本阶段，你需要坦然接受一些问题横亘其中。有些问题可能对项目的成功至关紧要，有些则可能无关痛痒。在处理这些问题时，你需要时时将项目要实现的目标考虑在内，这有助于确定这些难处是否影响项目大局。

第七章

CHAPTER 7

探索阶段的
挑战

让自己和他人了解 XR 技术的潜力

　　XR 行业发展迅猛。你可以通过图书、在线新闻、网络、技术会议或企业内专门的研究团队（如果资源调配情况允许的话）来研究 XR 解决方案，了解行业发展的最新情况。通过维护企业与 XR 技术供应商的良好关系，你可以不断体验 XR 技术的最新进展。你对 XR 技术的潜力了解得越多，你就越有能力主导相关的沟通对话、提出解决方案以及与利益干系方合作构建 XR 项目。

向他人推介 XR 技术需要解说和演示

　　后面的第十一章会说到，人们对 XR 技术有诸多误解，这些误解甚至导致一些企业从一开始就将应用 XR 技术的可能性拒之门外。此外，XR 技术与许多其他的新兴技术不同，它主要是一种予人感官体验的工具，是一种可视化的工具，因此我们很难准确有效地介绍 XR 技术。阅读相关的文本介绍或者听取相关的解说只能让你对这门技术略知一二。要真正了解 XR 技术，需要在各种设备上亲身体验不同的模块。

演示相关的体验模块

要让他人亲身体验 XR 模块，就得向他们演示相关的技术。当你向利益干系方展示可能成型的 XR 项目时，你所演示的应用程序越接近最终要推出的版本，他们需要跨越的心理障碍就越少，而你获得他们肯定的机会就越大。

在演示应用程序中，你需要考虑三个主要方面：

● 用例：解决方案针对哪个领域（如软技能培训、资源设计、协作等）；

● 行业：解决方案针对哪一类企业（如房地产、医疗保健、石油天然气等）；

● 质量：解决方案整体的体验强度，需要考虑用户体验和内容的有效性。

在理想情况下，用以演示的应用程序应当是高标准的，并且所涉用例应当与利益干系方的使用场景、行业直接相关。如果无法全然符合高标准，那就将应用程序连接到一个来自其他行业的相似用例（如资源的可视化）上。如果做不到这一点，你就要承担利益干系方无法（或不愿意）自行想象 XR 效果的风险了。

从其他领域获取灵感

虽说当务之急是探索那些与你的直接销售机会相关的内容，但是在直接关注的领域之外获取多样化的知识也是值得的，因为你可能会发现别人错过的东西，这可能会给你手头或未来的项目带来灵感。

举个例子，假如你的公司经营的是起重机操作承包业务，你可能会当即考虑在系留型头戴式设备上配一个高端 VR 起重机模拟程序，作为公司强大的培训解决方案。这是一个有效的做法，但是如果你能在一个更便宜、更便携的设备上实现类似的效果呢？或者，如果这时有一个分析零售环境中的消费者行为的 VR 应用程序的演示能让你有所启发，你会因此萌生一些关于如何在起重机模拟环境中收集和追踪有用数据的想法，你会怎么做？

XR 行业的发展实在太过迅猛，你今天所拥有的产品就绪型业务和专用的 XR 体验模块刚用上最新的技术进展，它就已经快要过时了。

使用 XR 就不得不追赶技术潮流，这话可能让你听起来不舒服，但这种不适感源于一种错误的思维模式。

倘若将自己视为必须不断对技术发展做出反应的被动一方，你可能会产生无助感，并且对技术发展应接不暇，而主动去研究、探索和测试新技术，能在快速发展的环境中给你带来自信和掌控感。

避免用 XR 给活动垫场

客户可能会邀请你在一场活动的自由时段（如与会者签到、休息、午餐、酒会和交际时段）向受众展示 XR 技术。这些要求多半出于好意，他们想要在活动中卖弄一下新兴技术，或者在与会者啃奶酪和饼干的时候用来垫场，好吸引他们的注意力。XR 技术颇具吸引力，因为它通常都非常直观、新颖又好玩。可惜的是，从任何一个乐意宣传 XR 价值的演示者的角度来看，宣传 XR 技术价值与用 XR 技术垫场，二者的目标并不一致。

这种邀请看上去很诱人，像是一个可向许多人展示 XR 技术的好机会，但实际上，这种做法并不能很好地利用时间和资源，因为与会者忙于吃喝、谈话，没有太多时间来关注你要演示的技术。

在会议活动的自由时段，人们的兴趣普遍较低，而且人们也不会从最恰当的角度看待此时的技术演示，反而会强化对 XR "仅供娱乐"的刻板印象，导致 XR 更难作为商业工具销售出去。哪怕你从事娱乐行业（比如你正考虑筹建一个 VR 游戏室），若不交代任何背景，就在活动的午餐时间进行演示，向与会者发出信号，会让他们相信此事不应该加入活动的主要议程。

注意，这种场景不同于展会或其他大会专用于演示的议程（如演示小组在各部分议程之间循环串场演示）。在后者的场景下，与会者的主要目的是使用、理解演示的技术，并试图将该技术与其企业业务问题或机会联系起来。而在大会的签到或休息时间，与会者的舒适和饱腹才是他们主要的关注点——技术及其潜力是次要的。

如果你收到了这样的邀请，我建议你向主办方争取把 XR

演示安排到大会的主要议程中，这样至少可以阐述 XR 技术的价值，有机会吸引与会者的兴趣，并且为相关的演示提供背景介绍。这样做有时颇具挑战性，但是通过恰当的沟通，你既可以表达你的观点，又能与邀请者保持良好的关系。

避免解决方案与问题不匹配

有些组织机构会仅因一项新兴技术是新兴技术而采用它，这种项目通常会草草收场，要么是因为这项技术无法解决企业的任何问题，要么是因为它需要企业付出比现状更多的努力才能解决问题。这些"形象工程"项目的诞生，有时是因为领导者寻求打造企业新形象，有时是因为要满足高层领导要求，在没有适当指导的情况下，试图提升组织的创新力。通常，这种项目一开始总伴随着领导澎湃的激情，接着，领导会逐渐认识到解决方案并无实质内容，于是热情随之消退。

一个组织要考虑是否采用 XR 解决方案，可以从两个途径入手：一是问题，二是机遇。从问题入手比较好理解：问题代表着当前已存在的对业务有负面影响的事项，因此是持续阻碍组织发展的"拦路虎"。而机遇，则可以看作正在成型的问题。机遇代表着组织机构尚未探索和开展的改进、效率和转变。一般来说，这些改变都是通过技术创新（如引进 XR）或单纯通过优化工作流来驱动的。

在竞争力量介入之前，机遇对组织来说并非紧迫事项。倘若存在竞争的组织机构采用了新方法和创新方案，他们可能会更高效地运作，吸引到更多人才，还可能会以更低廉的价格销售产品和服务。最终，这些举措会共同推动竞争对手组织的发展，拉大你们之间的差距。

不管是要解决当下的问题还是未来的问题，都要考虑多种解决方案。有些解决方案可能是基于 XR 技术的。一旦确定了解决方案的候选清单，就需要对它们就可行性和适用性进行筛选。所谓可行性，就是指这套解决方案在特定组织机构中实施的实用程度，需要考虑实施的总成本及构建、管理和部署该技术方案所需的技能人才和组织可用的人力资源。而适用性，是指该解决方案对项目成功标准的满足程度，换句话说，就是该解决方案的价值。

我建议以问题为中心入手，而不要以技术为中心。要经常自问：这个方案是针对一个问题，还是一个机遇？采用新方案会比现有的方案更有效吗？当然，我们没有办法百分百确定两个问题的答案，但如果前者的答案是肯定的，后者的答案是"有可能"，那这就是一个不错的开始，不妨投入更多时间来探索各种可能性。

我曾鼓励过许多人去做 XR 计划，也告诫过许多人这一点。我自己最喜爱的一件轶事跟一个项目有关。这个项目最初是一个沉浸式培训解决方案。VR 培训是 VR 技术最为强大且最为人所知的一种应用方案，我自然想要进一步了解。我很快了解到，该项目的利益干系方正在公司大规模推广一个客户关系管理平台，他们希望这个培训方案成为推广内容的一部分，

他们想要一个同样上档次的培训计划来搭配这一盛大活动。而
VR 技术是一种令人叹为观止的技术，所以他们自然而然地被
VR 所吸引。但问题是，像客户关系管理系统这种基于 Web 端
的 2D 应用程序，它的技术培训有更有效的解决方案，相较之
下，VR 技术根本无法为这项投资带来足够的价值。因此，我
建议他们不要采用 VR 技术，并为他们提出了替代解决方案。

从长远来看，实施一个不适合的解决方案对任何人都没有
好处。太过依赖这项技术的组织将过犹不及，而且可能在未来
仍持续错误地理解该技术；该技术的开发团队的声誉也会受到
损害；而最终用户（不论是客户还是公司员工）都不会领情。

封闭的心态会将潜在机遇拒之门外

有时候，你面对的不是一个明显的问题，而是一个改进
的机遇。通常，企业无法利用起这些机遇，因为他们忙于解决
企业的运营问题。这种情况其实表示有两个问题，一个是资源
分配问题，一个是随时会造成破坏的问题。最终，一些组织机
构会认识到利用新兴技术和趋势的重要性，并采取相应的措
施。他们将探索、试验并接触 XR 技术和其他新技术。这一点
非常重要，但不会太过明显，因为它对市场竞争的影响在最初
阶段几乎可以忽略不计。然而，随着技术的进步，这些企业会
逐步积累起技术的使用经验，差距将大步拉开。

到时，这些企业极有可能会降低成本，开辟新的收入渠
道，创造更加高效的运营业务。慢慢地，这些优势将渗透到企

业的方方面面并成为企业的基础，这时，企业的优势就会变得尤为突出了。

许多公司未能抓住技术机遇，历史上有很多这样的例子。西联公司（Western Union）成立于 1851 年，当时主要经营电报业务。到了 1900 年，西联公司已拥有 100 万英里（1 英里 ≈ 1.609 千米）长的电报线路和海底电缆。后来，西联公司的核心电报业务受到新发明的电话的威胁，最终它不得不放弃电报的基础设施，转而专注经营金融服务，包括汇款业务。

1876 年，亚历山大·格雷厄姆·贝尔（Alexander Graham Bell）获得电话机的专利——他最初称之为"说话的电报机"（talking telegraph）。他向西联公司报价 10 万美元，但西联公司当时的总裁威廉·奥顿（William Orton）拒绝了，他说："我们仔细考虑了你的发明，虽然这是一个很有意思的新奇玩意儿，但我们得出的结论是它没有商业价值……我们公司能用这个电动玩具来干什么呢？"随之而来的是电报的缓慢消亡和电话使用的逐渐增多，以及奥顿持续多年在电话业务上对贝尔专利的挑战（但以失败告终）。西联公司对电话的态度与当今许多人相似，今天也有许多人无法看到 XR 技术除了"好玩的视频游戏技术"以外的用途。

2007 年，微软公司（Microsoft）的首席执行官史蒂夫·鲍尔默（Steve Ballmer）对苹果手机的挑战报以怀疑地嗤笑："500 美元？有全额补贴和运营商合约，竟然还要 500 美元？要我说，这是全世界最贵的手机。这款手机吸引不了商务人士，因为它没有键盘，用来发邮件很不方便。"如今，1000 美元以上的苹果手机已经卖出了数百万部，而键盘手机几乎绝迹，取而代之的是触摸屏手机。史蒂夫·鲍尔默的这番回应说明预测数字世界用户界面新趋势是非常困难的。有些新技术已经用在 XR 应用程序中了（如语音识别技术），还有一些仍在逐步完善（如手部追踪和控制器追踪技术）。

再分享一个对新兴技术不屑一顾的著名例子。影视租赁巨头百视达公司（Blockbuster）的发言人凯伦·拉斯科普夫（Karen Raskopf）这样评价诸如奈飞公司（Netflix）之类的视频点播服务（VOD）："视频点播比我们想象的差远了。我们一直关注着这些新玩意儿，如果我们发现它有可持续的赢利模式，我们就会入场。"2004 年是百视达公司发展的巅峰时期，当时它在全球拥有超过 9000 家门店。如今，百视达公司仅存美国俄勒冈州的一家商店，这家店成了百视达公司业务的时代印记。

有些人可能会说，百视达公司声称自己一直关注 VOD 技术，不过是空口说白话。事实上，百视达公司和安然宽带服务公司（Enron Broadband Service，EBS）从 1999 年开始就建立 VOD 业务进行了多次合作谈判。当时，他们在谈判中提出的合作计划是由安然宽带服务公司承担 VOD 大部分的建设工作，建成之后由百视达公司和安然宽带服务公司共享运营收入。尽管该计划看起来对百视达公司有利，但百视达公司对 VOD 的前景仍持怀疑态度。而且事实证明，与大型电影公司进行 VOD 服务协议的谈判非常耗时。最终，百视达公司决定不再继续该交易，转而专注于其原有的实体商业模式。奈飞公司曾于 2000 年与百视达公司接洽，但它的合作提议同样遭到拒绝。

不过话说回来，事后诸葛亮好当，所以我们在回顾这些商业行为时，最好不要太过苛刻和武断。不过，我们可以从中吸取教训，改善我们的思维模式。

与前述案例中的新兴技术类似，如果我们对 XR 技术能为我们提供的机遇持开放态度，对它的潜力保持好奇，并暂且放下自己在专业领域的丰富经验，有意识地挑战自己固有的观念，那么我们的业务就有机会充分利用 XR 技术的潜力。

 总结

● 在考虑采用 XR 解决方案时，务必要检验解决方案与技术优势的联系。如果没有联系或者联系太弱，那这个方案可能不是最理想的解决方案。从长远看，纯粹为了追求新颖而勉强应用 XR 技术会对所有利益干系方造成损害。

● 今天的机遇是明天的问题。要专注解决一个业务问题，并且在整个项目过程中对此牢记于心。

● 避免在大活动的非核心议程中使用 XR 技术。

● 如果将 XR 技术列为潜在的解决方案，那么比起替代方案（包括技术方案和非技术方案）或现有的方案，它应该能够为组织提供更多的价值。

◉ 硬件选型

市场上有许多 XR 设备，而且款式数量每天都在增加。每个款式都各有一组属性特征。接下来，我会讲述一些在硬件选型时需要考虑的关键要素。记住，这不是一个告诉你什么该做、什么不该做的清单，而是一个必知必会的主题清单。根据项目优先级、公司政策和可用资源的不同情况，这些要素中有一些会比其他的更重要。此外，要全面评估设备的适用性，你需要将它与你正在构建的解决方案联合考虑。设备的规格（如设备处理器、质量及显示屏、光学系统的视觉保真度等）本身并不重要，除非它有助于满足更高层次的目标（如用户体验），或者符合解决方案的目标。

设备的输入功能

了解 XR 硬件所支持的输入设备非常重要，这将决定你后续设计和开发 XR 应用程序时的可用功能。检查硬件是否支持以下功能：

- （头戴式设备和控制器的）追踪能力类型；
- 麦克风；
- 眼球追踪；
- 手部追踪。

一个头戴式设备的追踪能力类型以自由度（DoF）来衡量，设备的自由度决定用户在 XR 体验中能否变换位置和视角。三自由度的设备提供固定的视角，用户可从这个视角环视虚拟环境。如果使用的是六自由度的硬件，用户就可以自由变换位置，比如说从虚拟环境中的车窗探出身子。

这一概念适用于头戴式设备，同样也适用于控制器等配件。三自由度的控制器可以在固定位置旋转，而六自由度则可以在虚拟世界进行三维层面的移动，同时也可以旋转它。如果设备带有麦克风和眼球追踪器，那它就可以帮你分别收集语音和用户凝视的相关数据。带有手部追踪功能的设备则简化了用户体验，因为用户不需要知道如何握持和操作一堆控制器，也不需要学习如何使用设备上的操作按钮（如果有按钮）。图 7-1 所示为六自由度的概念示意图，其中三个自由度表示可以转动头部（左图），另外三个自由度表示可以移动身体（右图）。

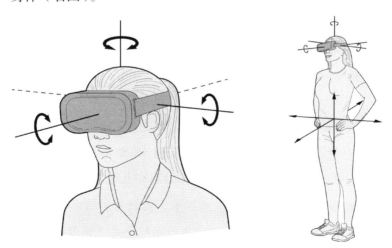

图 7-1 六自由度的概念示意图

用户体验

用户体验的评估非常重要，有许多方面需要注意。本质上，用户体验的评估工作主要就是检查设备的安装、使用、管理和维护细节，以便让用户得以轻松、快速、舒适地使用设备。

一个舒适的 XR 设备应该是轻便的，质量分布均匀，而且不应该产生过多的热量。

如果 XR 设备需要连接其他的配件，那么安装和使用过程就会变得复杂和费时。设备要正常运行所必需的控制器、需要外部元件（外向内追踪）和外部处理器（电脑或手机）的追踪技术就属于这一类。这些连接的附加系统可能会出现故障，需要单独维护。如果需要连接其他配件，那安装就比较费时，而且配件容易丢失或误装。理论上讲，这会让项目变得困难，因为这意味着你们需要包装并顺利运输更多的设备部件。

如果使用每个设备都要注册并登录账号，安装过程也可能被拖慢。如果你要部署几百个头戴式设备，这些设备又遍布世界各地，这可能就会非常耗时。

视觉质量

2D 屏幕的分辨率从全高清提升到 4K 和 8K，消费者利益也得到更多保障，人们对观看体验的期望也随之提高，他们希望看到越来越清晰的内容。多年来，传统显示屏幕的发展给人们带来了较高的预期，许多 XR 设备的屏幕清晰度都无法达到这一预期。对某些项目（如 VR 软技能培训模块）来说，这一点不会造成什么问题。但还有一些项目，用户需要高度集中注意力（如阅读按钮上的文本标签），这时，屏幕的清晰度就是至关重要的了。高分辨率并非不可能实现，针对一些专业场景，你可能需要与面向高端市场的 XR 设备供应商寻求合作。

你知道吗？

由于高端 VR 设备视觉质量的迅猛发展，如今的宇航员可以通过 VR 技术进行航天器操作训练，他们甚至能看清虚拟仪表板上最小的细节。

有一种 AR 显示器是透明的，它在户外会出现一个问题——数字图像在阳光直射下会褪色，导致显示屏视觉效果不好，用户难以专注观看。而对不透明的 AR 显示屏来说，这就不成问题，因为不透明屏幕通常支持调整亮度和对比度，在户外仍可以保持清晰。如果你要做的 AR 应用程序要求用户经常在户外使用，那你最好确保选用的设备能在阳光直射之下正常工作。

使用双筒望远镜观测环境时，镜片所能及的范围会限制我们的视场（FOV），视场以外的一切都是黑的。VR 设备也适用类似的概念：设备的视场范围越大，周边视野的范围就越大，设备模拟出的画面就越像我们肉眼所见的真实世界。透明 AR 显示器的视场指的是呈现给用户的未被裁减的最大数字图像范围。

通常，人类肉眼的视场角范围通常是水平方向约 180 度，垂直方向约 135 度。大多数 VR 头戴式设备的水平视场角介于 90~130 度，也有一些制造商将这一范围大幅提高，甚至超出 220 度。而 AR 头戴式设备的视场角范围通常是 19~50 度。

在审查制造商的视场范围数据时，要记住，没有全世界一致认可的视场范围计算方法，所以横向比较非常困难。在比较时，务必弄清楚那些数据是指水平方向、垂直方向还是对角线。如果没有标明，那很可能就是对角线的数据，因为对角线是三个数字中最大的。厂商难以标明一个确定的、真正的视场范围，部分原因是视场会受到用户脸型和设备佩戴方式的影响——设备太过宽松或歪斜都会影响视场范围。使用眼镜垫圈也会略微缩小视场范围。这种垫圈在用户面部和镜片之间创造了更大的空间，让用户佩戴起来更加舒适。全世界戴眼镜的人当中，有 54% 几乎全天佩戴，权衡之下，提高舒适感通常是值得的。

虽然更大的视场能让用户产生更强的沉浸感，但也有研究表明，它与更强的眩晕感有关。这就产生了一个矛盾：一方面，我们希望增大视场，好让用户最大限度地沉浸其中；另一方面，我们又希望缩小视场，好让用户尽可能不产生眩晕感。除非你的应用程序需要非常高的视场，同时你的用户能对此感到舒适，否则大多数制造商所提供的视场应该都够用了。

由于设计差异及制造商选择的光学元件不同，有些设备的视觉伪影会比较明显。若出现镜头炫光，用户就仿佛能够观察到屏幕上的单个像素（就像透过纱窗看世界，因此也叫"纱窗效果"）。

在评估硬件时，根据项目的实际需求和最终用户的情况来考虑硬件的限制是非常重要的。

设备的耐用性

设备的耐用性通常是用于工业环境的 AR 设备选型时的主要考虑因素，因为比起 VR 设备，这类设备更常在户外使用。VR 设备提供的是虚拟环境，在户外使用并没有什么特别的优势，它更常用于室内。

设备的耐用性表现在其内部组件和外壳的设计上，耐用性越高，设备在恶劣条件下运行的能力就越高。这些恶劣条件包括极端的温度、灰尘、空气湿度，以及进水、振动、压力（包括海拔引起的气压变化）、腐蚀、磨损和电磁干扰等。

针对设备耐用性，有许多评估标准，包括美国电气和电子工程师协会（IEEE）、美国电气制造商协会（NEMA）和国际电工委员会（IEC）制定的标准等。

IEC 制定了 IP（Ingress Protection）防护等级标准（也称"IP 国际保护等级"），这是 XR 硬件制造商在表示设备耐用性时采用得最多的标准。这套标准也常用于平板电脑和智能手机。

个人防护设备兼容性

如果 AR 设备能兼容现有的安全帽、防撞帽、防护面罩和其他头部保护设备，那将是一项突出的优势。因为当你试图将 AR 设备集成到作业人员的工作流时，它成了现有惯用设备的配件，不会损害现有防护设备为作业人员提供的保护。如果工作场景有强制性个人防护设备，那么与此不兼容的 XR 设备就不适用了。

技术支持和保修

以业务为中心的 XR 设备供应商应当可以提供适当水平的技术支持。针对技术支持，要评估其有效性，响应时间，技术支持方式（电话、电子邮件、即时聊天等）。确定可用的软件开发工具包（SDK）有哪些，附带文档的详细程度如何，将有助于确定软件开发和维护的难度。

供应商能提供什么程度的保修服务？有效期多长？硬件的故障率大概是多少？供应商更换故障设备的速度有多快？

如果要订购数百套 XR 设备，那就要做好心理准备，其中有一些会在一段时间后出现故障——只要这些设备可以快速、方便地更换，那就不成问题。

工期严格的 XR 设备部署项目还有第二道防线，那就是增加备用硬件。比如，某个指定的现场需要 50 套 XR 设备，那就准备 55 套可用设备（增加 10% 作应急用）。

供应商政策

在考察潜在 XR 供应商时，务必了解的一个供应商政策与隐私和数据保护有关：供应商会收集用户的什么数据（如果用户产生了数据）？供应商的数据收集政策是可选的，还是采购合同的强制条款？

硬件和软件层面的设备管理和贴牌政策也可能影响你的决策。你所采购的设备外观是否支持贴牌？是否支持修改设备的启动页，显示成采购商的品牌徽标（Logo）？供应商对设备管理软件的政策是什么？是支持第三方解决方案，还是必须使用他们的封闭管理系统？

 总结

● 在为 XR 项目选择设备时，需要考虑多方面的需求。这些需求主要是硬件功能和供应商政策。

● 务必与最终用户一起试用硬件，因为他们可能会识别出一些小众问题，尤其是与用户体验相关的问题。

第八章

CHAPTER 8

规划与开发
阶段的挑战

◉ 选择合适的内容类型

360 度全景视频还是计算机生成图像？

360 度全景视频和计算机生成图像（CG）都能用于 VR 业务应用程序，它们各有优缺点。

我们已经习惯在数字应用中看到计算机生成内容了。所谓计算机生成图像，就是用计算机软件创建的一切 3D 对象和 2D 对象。计算机生成图像诞生于数字世界，且始终身在数字世界。这与 360 度全景视频形成对比，后者是从现实世界中拍摄所得，然后以数字形式呈现。拍摄 360 度全景视频类似拍摄普通照片或视频，不同的是，它拍到了你周围 360 度的全貌。图 8-1 为一个用以演示的房间的 360 度全景视频示例图，图片的变形是球形的 360 度影像被"压扁"的结果，这样我们才能在 2D 纸张上看到它的全貌。图 8-2 为一个未来城市的 VR 应用程序中的计算机生成图像截图。

计算机生成内容是通过 3D 建模软件制作的（也有现成的计算机生成图像内容可采购），再通过游戏引擎或其他软件开发包捆绑到一起。制作 360 度全景视频则需要专业摄像机。这类摄像机从几百美元的便携式袖珍款到 2 万美元、保龄球大小的重型款，应有尽有。

图 8-1 一个用以演示的房间的 360 度全景视频示例图

图 8-2 一个未来城市的 VR 应用程序中的计算机生成图像截图
注：该应用程序由普华永道公司和倒带工作室（Rewind）联合推出。

在 AR 中，大多数叠加内容都是计算机生成的。也有少数特殊情况，如 AR 门户，用户使用他们的移动设备，跨过真实环境中的数字大门，进入完全数字化的环境——这种数字环境可以由 360 度全景视频生成。

360 度全景视频和普通视频一样，其实是平面录制的。只是平面视频被做成了球状，包裹在用户周围，创造出一个沉浸式环境。这种视频没有记录深度信息，所以用户只能从一个固定的角度（即支持三自由度）来环视四周。相比之下，将计算机生成内容放置在 3D 空间中，应用程序就有了足够的信息来了解它与其他对象的距离，这样用户就可以更加逼真地在虚拟环境中漫游了（即支持六自由度）。

市场上有各种各样的消费级傻瓜式摄像机，因此制作 360 度全景视频要比制作计算机生成内容更轻松。不过，要开发出高质量的内容，两者都需要大量的经验和技能。这一点的重要性再怎么强调也不为过，因为高质量内容对任何 VR 项目来说都是最重要的支柱之一。

许多公司在降低 360 度全景产品准入门槛的方面做得很好。照相机厂商做出了更轻便、更易用、更便携的产品；有更多的工具可用于编辑和优化 360 度全景视频；有更多的软件平台可以帮助用户在没有任何技术背景或编程知识的情况下创建和发布交互式 360 度体验模块。我接触过的一些供应商甚至在销售套餐里向客户提供了口袋大小的 360 度全景摄像机，鼓励客户自行开发更多的内容，从而增加供应商平台的使用流量。

但话说回来，在没有让用户从优秀作品中学习基础知识前，如此迅速地普及 360 度全景技术，是有危险的：用户生成的内容中，有很大一部分是低标准的。这些低质量内容会被展示给其他人看，从而导致他人失去兴趣。如此一来，项目就可能会失败，人们对这项技术的感知也会减弱。

为了对抗这一倾向，我邀请 360 度全景视频总监亚莉克丝·鲁尔撰写了一份教外行人创建 360 度全景视频的指南，包括使用时机、相关步骤和需要避开的误区。我与鲁尔合作过多个企业的 360 度全景视频项目，她非常优秀，给项目带来了沉浸式讲故事领域的丰富知识。对我的邀约，她欣然应允。读者可在第十章读到她的指南。

体三维视频：集虚拟世界与现实世界之长

体三维视频（volumetric video，也称体积视频、立体视频）捕获，就是拍摄人物、物体或场景三维视频的过程。

有几种方法可以拍摄出体三维视频。要达到高质量的拍摄效果，那就需要一个专门的工作团队，使用大量红外线摄像机和视频摄像机组（至少 30 组，有时需要超过 100 组）围绕目标人物、物体或场景进行拍摄。这些摄像机要捕获场景中数百万个点的信息。

通俗一点说，假设你正在拍摄一个简单的场景：一个人正在进行生动的主题演讲，在演讲中，他根据主题内容的变化活跃地行走、做手势、说话。在随便什么时候暂停视频，观察一下画面，视觉信息都尽收眼底：你可以看到这个人的长相和外表——身高、体型、五官、衣着类型，还有头发、皮肤、衣服的各种颜色。这些就是体三维视频系统所捕获的视觉信息的一方面。

体三维视频系统还会捕获距离和位置。虽然人类的视觉系统远远谈不上精确，但在许多情况下，它已经足够强了。当我们眼前的人伸开双臂，我们可以看出他的手掌在手臂前方，手臂在躯干前方，躯干在头部下方、腿部上方。一般，我们也可以合理估算出这些部位距离我们有多远。不妨再进一步假设，想象我们可以目测出这个人左手指尖原本的位置与手指稍作弯曲时指尖所在的位置之间的距离（大概就是几毫米）。现在，我们把这种能力应用到目标人物身上从头到脚的每一个点，并且每分钟重复目测 60 次。这样一来，你应该大致了解体三维视频捕获的原理了。

如果你能以足够高的频率和分辨率记录下场景中每个人身上每一个点的颜色和距离信息，那你就有了 3D 模型的基础。这个 3D 模型可以用于任何类型的 3D 应用程序中，包括 XR 应用程序。

由于体三维视频拍摄的信息数据量极大——每秒 10 吉字节（GB），你可能会认为这些 3D 模型需要经过高性能计算机系统处理。事实上，只要将这些模型转换为适当的格式，立体视频完全可以在消费级移动设备上运行。

我参观过伦敦的维度工作室（Dimension）。这是美国以外第一家体三维视频捕获工作室，是微软、锤头 VR 公司（Hammerhead VR）和数字加速器公司（Digital Catapult）的合资企业。锤头 VR 公司总部位于伦敦纽卡斯尔，是一家沉浸式媒体公司；数字加速器公司是英国的数字技术创新中心，旨在通过鼓励企业采用创新技术来促进英国经济发展。

维度工作室的固定摄影棚有 106 台同步摄像机，其中 53 台是记录颜色信息的 RGB 相机，另外 53 台是记录深度的红外摄像机。图 8-3 为我在伦敦的维度工作室的体三维摄影棚的图片。

图 8-3 伦敦的维度工作室的体三维摄影棚

注：左图为我在维度工作室的体三维摄影棚拍摄现场。右图为我的体三维模型。

可以想见，高端的体三维视频捕获系统在成本和拍摄空间方面都需要大量投资，因此它们往往被设在固定的设施中。微软的技术在全球范围内推动了许多这样的设施。可运往不同地点进行安装的便携式系统也越来越普及。

英国天空电视台（Sky）的 VR 工作室委托制作了一个名为"抓住这个世界"（Hold the World）的 VR 体验项目。这个 VR 体验模块重现了伦敦自然历史博物馆的 3D 模型，世界著名的博物学家大卫·阿滕伯勒爵士（Sir David Attenborough）与你在其中会面。用户可探索博物馆内一些通常不对公众开放的区域，包括保护中心、隐花植物标本馆、地球科学图书馆等。在 VR 中，用户得以检视和处理馆藏的各种稀有标本——从巨型蝴蝶到恐龙，用户可以控制标本的大小，旋转标本并将它放在面前的桌子上。同时，大卫·阿滕伯勒爵士就坐在用户面前娓娓道来，讲述这些生物的故事。

你大概已经知道，大卫爵士在这个 VR 环境中逼真的虚拟形象是由位于美国华盛顿州雷蒙德市的微软混合现实捕获工作室（Mixed Reality Capture Studio）的体三维捕获技术所实现的。

通过这个项目，尤其是 VR 技术的使用，人们得以与世界各地的人交流世界历史，也得以对世界各地的人们开展教学。在以前，博物馆只限于为无法到现场参观自然历史博物馆的人提供照片和视频。在以前，哪怕是那些有幸亲自到博物馆参观的人，也无法获得与大卫·阿滕伯勒爵士片刻的亲近时光，聆听他讲述巴布亚新几内亚的巨型蝴蝶：

多年来，我一直通过不同的技术与你们分享我对自然世界的热情，从黑白电视到彩色、高清、3D、4K 技术，如今还用上了 VR……

蒂诺·卡迈勒：MV 中的体三维捕获

英国说唱歌手蒂诺·卡迈勒（Tino Kamal）拍摄了体三维视频，生成的 3D 模型被用于为他的单曲《VIP》制作

2D 音乐短片（MV）。特效工作室普罗迪杰斯（Prodigious）在他的 3D 模型周围创建了一个计算机生成环境，包括灯光、烟雾、定格动作和其他特效。

　　用这种方式来制作 MV，除了能让歌迷印象深刻以外，还有商业利益可图。比起在电脑上围绕蒂诺的 3D 模型生成特效，在现实环境制作出同样特效所需的设备和物料要昂贵得多。为蒂诺拍摄体三维视频也为后期工作提供了灵活性：MV 导演可以在拍摄之后的后期制作阶段中修改镜头、插入不同的特效，还可以尝试不同的视角和剪辑。在这种模式下，他的表演是从所有角度拍摄的，这样可以减少拍摄镜次，避免重拍可能造成的危险。因此，后期制作可以尝试使用不同的镜头，而表演者蒂诺只需要完成一次无误的表演。

　　体三维捕获技术业已应用于 AR 医疗保健培训中。国际教育公司培生集团（Pearson）创建了许多沉浸式应用程序，后来该业务被一家名为"吉格 XR"（GIGXR）的沉浸式教育培训解决方案供应商收购。其中有一个名为"全息患者"（HoloPatient）的应用程序，它使用的 3D 模型是用体三维捕获技术拍摄扮演患者的专业演员得来的。这些患者模型可以被放置在任何环境中——坐在用户房间的椅子上或医院的病床边。这些患者模型会表现出各种形式的症状，有些是在患者体表可见的，比如瘀痕或伤疤；有些则是通过行为表现出来的——有些人会在房间里迷失方向，有些人会面带苦相，还有一些人会忍不住抓挠脸上出现的瘙痒。受训的见习临床医学生可以随时操作暂停、播放、重复，将3D模型的症状与患者的生命体征信息相结合，并使用这些信息评估患者的病情。

体三维捕获技术也可用于创建数字形象，这样创建出来的3D形象可用于后续完全独立的动画制作项目。换句话说，将一个人按某个姿势创建出3D模型，这个模型在后续的应用中会被"绑定"（即是将一副数字骨骼应用到3D模型上，好让模型可以被操纵）。由此，你可以创建一个人的3D模型，然后在未来的业务中将这个模型部署到许多不同的应用程序中（当然，你得先获得当事人的授权）。

使用体三维视频捕获摄影棚时有以下注意事项：

1. 拍摄对象的服装颜色和材料会影响拍摄。用红外相机拍摄发亮、反光或深色（尤其是黑色）表面时效果不好。因此，要避免使用眼镜、太阳镜、大件珠宝、皮革、精纺或透明织物以及玻璃制品和金属制品。

2. 颜色与背景幕布材料的颜色相近的任何东西都会被摄影机忽略。因此，要避免使用亮绿色的服装。

3. 太薄或太小的东西可能很难被摄影机捕获，比如鞋子的细高跟、细帽檐、包带和吉他弦等。

4. 细长的、松散的或者零落的毛发也可能因为太细而无法捕获，它们还有可能会暂时遮挡到拍摄对象的身体。

5. 任何遮挡拍摄对象身体或衣服的东西都会造成干扰，比如覆盖脚部的长款斗篷、遮住脖子的高领上衣，甚至是那种有深褶皱的套裙，这些东西都有可能最终在 3D 模型中产生空洞。

你可以看到，上面这些注意事项中有几项会对创新性决策有所影响和限制。因此，在正式拍摄之前，最好使用与规划好的造型方案完全相同的条件（如服饰、装扮等）安排一次拍摄测试，以期提前确定问题，避免浪费一天正式拍摄的时间——这种失误一旦发生，代价可非常昂贵哦！

体三维视频的拍摄成本范围很广，具体取决于拍摄地点、拍摄技术、使用摄影棚或设备的时长，以及你要拍的镜头时长。你得做好心理准备，这可能是各种内容类型中最费钱的一种，但你可以在租用摄影棚的时间内分批进行多次拍摄，以降低单次拍摄的成本。

如果你想在一个场景内捕获多人的模型，请注意，由于场地限制，许多摄影棚最多只能同时捕获两三个人的模型，而且可能会出现一人遮挡另一人的问题，这会导致有些部分无法被摄影机捕捉到，这样一来，创建 3D 模型时就会缺少信息。

其中，很大一部分成本用于素材的处理，经过处理之后，计算机才能将摄像机捕获的所有信息转换为 3D 模型——哪怕是一个有足够计算能力的系统，在一分钟的素材上花费 12 小时甚至更长时间，也并不罕见。

体三维捕获技术已经应用于教育、时尚、营销、娱乐和视频游戏领域，未来它将应用得更广泛，为用户带来更加丰富的内容。

你知道吗？

据预计，到 2025 年，体三维视频的市场份额将从 2020 年的 14 亿美元增长到 58 亿美元。

360 度全景视频、计算机生成图像和体三维视频的成本与风险概况

每个项目都是不同的，除了内容类型，还有其他因素会影响成本和风险在项目生命周期中的变化。但撇开其他因素不说，还是有一些可以吸取的经验。

从风险的角度看这三种内容类型，规划阶段的压力是最小的。规划阶段只是项目的开端，期限往往没有那么紧迫，而且就算遇上糟糕的情况，在这个阶段放弃项目，也几乎没有什么沉没成本。对于 360 度全景视频和体三维视频来说，从规划阶段过渡到开发（即制作）阶段意味着风险的大幅增加，因为开发阶段通常要求在短期内进行大量拍摄工作，这就需要在极其紧张的时间安排下密切协调多方资源（工作人员、演员、场地、道具等）。在这一阶段，如果出现任何问题又没能立时解决，那就需要重拍，整个拍摄制作过程推倒重来。重拍是后勤团队的噩梦，他们需要重新将所有东西汇聚到一起。此外，由于拍摄制作是大多数这类项目中最昂贵的部分，重复的成本投入会对项目管理造成重创。

在拍摄过程中，有些错误不足以造成重拍，但仍会对后期制作产生影响。在我最初参与的一个360度全景视频制作项目中，每个人都全神贯注于大量需要执行的任务，结果竟然没有人意识到桌上的键盘和鼠标必须是无线的（当时的场景要求，对将要观看视频的用户来说画面是真实的）。我们面临两个选择：要么重拍，重新承担所有演员的成本；要么在后期制作阶段进行修改。我们选择了后者，毕竟后者只要多花费数千美元，前者要多花费数万美元！

360度全景视频和体三维视频的制作几乎没有灵活性可言——一旦完成拍摄，演员的走位和表演都不能改变。在这方面，计算机生成内容更加灵活，因为它支持修改和定制，可以满足项目方向的变化，或适应新的项目。

在一个使用360度全景视频的项目中，很难在项目中途向利益干系方提供内容预览，因为只有在所有内容都拍摄完毕后，制作接近尾声时，所有内容才能很快汇集起来。通常，最终内容的粗览版可以在拍摄结束后不久提供。但到了这个阶段，除了诸如场景编排顺序、商标选择和音频同步之类的基本反馈之外，已经没有什么能返工了，尤其剧本内容和场景方向更难以改变。正因如此，在项目早期管理好各利益干系方的期望，并让他们全程参与项目（尤其是制作阶段），是非常重要的。在制作过程中，要求他们派一人到场，由此人来确认场景和配音。向他们提供一些使用类似摄影机在类似地点拍摄的360度全景视频的第一手演示样片，并且在类似的头戴式设备上向他们展示。听说、阅读一个项目的计划方案，跟在 VR 设备中看到最终结果，感受是完全不同的。

360 度全景视频和体三维视频的拍摄制作具有相似的风险特征。而相比之下，计算机生成内容的项目风险更稳定，因为它的风险在项目过程中是线性的，是一点一点积累起来的。因此，在项目中途给各利益干系方提供预览就容易得多。不过，要想让项目成果满足利益干系方对内容真实性的期望，又同时保持在便携式硬件上运行的能力，通常是很困难的。

粗略说来，360 度全景视频通常比计算机生成内容便宜，而计算机生成内容又比体三维视频便宜。根据我在一系列不同项目的经验，一般你得在设计体验内容方面花最少的预算和最多的时间。可能听起来不太寻常，但这是圆满完成项目的关键。

 ——————————————————— **总结**

● 如果要创建 VR 体验模块，你可以使用 360 度全景视频、计算机生成图像或体三维视频。AR 应用程序通常会使用计算机生成的素材，但体三维视频素材也合适。

● 360 度全景视频是非技术型用户最容易上手的，有许多一键上手的 360 度摄像机可供公众选择。这种摄像机通常也是最划算的选择，不过视觉质量可能不太高，而且只能有一个固定视角（即不能在虚拟环境中四处移动）。

● 计算机生成图像包含完整的 3D 信息，允许开发人员定制项目，用户也可以在虚拟环境中移动、转换视角。

● 体三维捕获技术可以制作出人物和物体的 3D 视频，嵌入 XR 体验模块中。按每分钟的投入看，它可能是 XR 内容中最昂贵的类型，但它能制作出非常真实的效果。由于它是 3D 的，用户还可以转换视角。

● 从制作的角度看，360 度全景视频和体三维视频非常相似。最大的成本和风险都存在于制作阶段，因此详细的规划是至关紧要的。而计算机生成图像同一阶段（即开发阶段）的风险和成本，在整个项目中通常呈现出线性变化。

以正确的方式安排正确的团队资源

XR 项目所需的技能

在你的 XR 之旅刚开始之时，要了解项目需要什么技能、什么时候要什么技能、去哪儿找到这些技能是很不容易的。从软件开发人员、用户体验设计师到 3D 建模设计师，要交付成功的 XR 应用程序，需要用到各种各样的技能。这些技能可分为三大类：

● 业务类：战略、项目管理、需求变更管理、利益干系方管理、市场营销、360度全景视频拍摄制作；

● 创意类：用户体验设计、音频设计、美术设计、编剧；

● 技术类：软件开发、质量保证测试、360度全景视频后期制作、音频工程、技术支持。

和许多初创公司和初出茅庐的企业规划一样，当你在建立自己的XR团队时，你会发现聘用技能多面手能让项目更具效率和成本效益。这在你的XR旅程之初可能有用，但随着你的成长，以及XR产品线越来越多、越来越复杂，到时候就需要聘请一些专精技能的人才。

要成功交付XR解决方案，需要将上述三个领域的技能结合起来。业务类人员需要使应用程序及任何相关事宜沟通与项目规划的初衷和目标保持一致。创意类人才需要为项目提供有效的内容，确保发布时能产生预期的影响。技术人员需要化零为整，交付加工后的成品。并非所有项目都需要所有的这些技能。项目需要的内容和技术、解决方案如何运行以及你选定的项目部署方案共同决定了哪些技能是必需的。

撇开XR背景，要找到具备上述技能的人可能更容易，不过你需要的人至少要具备一些XR知识。要想交付一个高质量的XR项目，理解这种媒介与其他媒介的区别是至关紧要的。否则，项目管理人员可能会对XR技术的能力范围和项目的工期规划抱有不切实际的幻想，开发人员可能会开发出一个不能良好适配 XR 设备的应用程序，而用户体验设计师可能会做出一个完美适配 2D 环境但在 XR 设备上表现平平（不是双关）的界面。

外部资源与内部资源

项目的战略会影响团队的构成，以及外包规模。如果你的项目是从零开始的，你可以选择聘用外部组织来负责整个项目，也可以聘用自由职业者来协助，或者聘用正式员工加入团队并在内部交付整个项目。

如果你要交付一个需要最低限度维护的特定 XR 项目，那么跟外包团队合作是合适的。大多数销售和营销项目都属于这类一次性模块，通常由专门从事数字化、沉浸技术、创新技术和创意设计的机构承建。对于需要持续维护和更新的运营类 XR 项目，至少要引入一些业务和技术人才到团队内部，因为这些技能是长期需要的。创意类和小众技术技能则可以根据项目需求，引入自由职业者来实现。

这种混合型资源模式由企业内部 XR 团队和临时自由职业团队组成，许多组织都使用这种模型，因为它整合了两种团队的优势：既能随时提供基本的 XR 产品，又能对 XR 项目中不常见却很重要的需求做出响应。

普华永道公司的内部团队有 XR 业务专家、软件开发人员、3D 艺术家和其他专业人士；对于需要创作故事的项目，我们通常会引进一名专业编剧。

如何寻找 XR 技术人才？

与任何新兴领域一样，要找到具有 XR 项目直接、全面经验的人才很难。如果你有时间，可以上专门的 XR 人才站点和一些通用的招聘网站，这些网站可以让你的招聘轻松一些。在脸书、领英（LinkedIn）、推特等社交媒体网站上发招募帖，使用适合的群组和话题标签，也可以产出有力的结果。

另外，还可以通过许多招聘机构搜索、筛选合适的人才。注意，这类服务的费用通常是一次性的，占候选人年薪的15%~35%。

你知道吗？

根据"招聘"（Hired）网站 2020 年的软件工程师现状报告，在 1 万家公司超过 40 万份面试申请中，2019 年市场对 XR 软件工程师的需求同比增长了 1400%。

由于 XR 是一门发展迅猛的新兴技术，能够迅速适应新工具和新方法的人才理应得到重用。硬件和软件的新发现、研究和自然演化可能会带来新的发展机会。如果你能招揽到有能力探索和筛选这些发展机会的人才，你就能利用这些发展机会，而不必雇用额外的人才（至少在你投入 XR 领域初期是这样）。

总结

● 要实施一个成功的 XR 解决方案，在不同程度上需要三种技能——业务能力、创意能力和技术能力。

● XR 团队中的每个成员都应该很好地了解 XR 的详细特性，以及这门技术与其他媒介的不同之处。

● 对于临时性的特定 XR 项目，聘请外包团队是合适的。对于更具运营性的项目，最好考虑组建一个有内部成员参与的项目团队。

● XR 人才可以通过社交媒体网站或专职招聘人员从通用的招聘网站或专门的 XR 人才站点招募。

● 技能和人员未必是一对一的关系——有些人员可能拥有多种技能，但这在 XR 团队的成熟阶段会较难维持。

满足无障碍使用需求

有些用户可能本身有影响他们体验 XR 应用程序的障碍。对这一问题的考虑，不仅有利于当前用户群，也有利于未来用户群。

身体残障有不同的类型和严重程度，其中多种残障与 XR 体验密切相关，因为 XR 技术依赖于人类的感官，特别是视觉和听觉。对于这类用户的无障碍使用需求，XR 应用程序需要在规划阶段加以考虑，以便在开发和部署阶段实现相应的特性。这些特性可以这样处理：

- 由 XR 操作系统或平台供应商（软件）提供；
- 定制并内置于你正在开发的 XR 应用（软件）中；
- 在 XR 以外提供，不作内置，以满足在硬件方面有困难的用户的需要。

在默认情况下，平台级的无障碍特性应当支持在平台上运行的所有应用程序。在考虑定制开发无障碍解决方案以满足用户需要之前，先看看是否有平台级的解决方案。最后，除了搞定无障碍软件解决方案之外，你还需要开发一些"现实世界"使用方案，以应对硬件方面的挑战。

比如说，有些听力不佳的用户可能日常需要佩戴助听器，助听器的麦克风位于外耳道口附近。在这种情况下，用户会不方便使用入耳式或绕耳式的耳机，而可将麦克风包围起来的耳罩式耳机可能是一个合适的选型，也易于获取。

针对软件的解决方案，有微软发布的一套名为"看见 VR"（Seeing VR）的工具，旨在让视障者更容易接触 VR。这套解决方案可在使用 Unity 引擎开发 VR 体验模块时采用。此外，还有万维网联盟（World Wide Web Consortium，W3C）编写的《Web 内容可访问性指南》（*Web Content Accessibility*

Guidelines，WCAG）可供开发时参考。虽然这份指南针对的是 Web 页面或 Web 应用程序的无障碍访问性，但其中一些准则也可直接应用或调整到 XR 应用程序中。W3C 的可访问性指南工作组（Accessible Platform Architectures Working Group）也正在制定一套 XR 可访问性的需求方案，其中包含与 XR 技术相关的具体建议。

可访问性是一个复杂的领域，XR 技术与可访问性的结合则更加复杂。除了视障用户和听障用户，还有认知障碍用户、神经或言语障碍用户等。这些残障类别还可细分出更多子类别，每个子类别都可能因用户残障的严重程度而异。

了解最终用户在向 XR 应用程序输入和接收应用程序输出方面的障碍后，需要将其与 XR 可用的可访问性解决方案进行比对。常用的输入方法包括键盘、手势、语音和凝视，常见的输出方法包括屏幕（视觉）、声音（听觉）和触觉反馈（触觉）。

要实现 XR 的无障碍访问，还有很长的路要走，但传统 2D 媒体的无障碍访问已经颇为成熟，XR 可从其中借鉴一些经验。至少，应该为残障用户提供一些基于传统媒介或传统技术的替代应用程序。

数据保护、隐私和网络安全

鉴于曾发生的数据安全丑闻和已正式施行的法规——如

《欧盟通用数据保护法案》（*General Data Protection Regulation*，GDPR），近年来，关于数据保护概念的讨论日趋广泛。

网络安全与数据保护密切相关，若未能充分保护 XR 设备免受攻击，可能会导致大规模数据泄露。

网络安全不仅仅是 XR 会遇到的问题，它会影响任何储存、处理或传输敏感信息的设备。当这些设备连接到互联网等广域网时，尤其容易遇上网络安全问题。对企业组织而言，有两个需要关注的领域，那就是公司机密数据和员工个人数据的安全，这两者的泄露都可能导致公司名誉受损、财务损失和业务中断。

欧盟委员会（European Commission）对"个人数据"的定义[①]是"与一个已识别或者可识别的自然人相关联的任何信息。可识别的自然人指借助标识符可被直接或间接识别出的自然人"。

XR 设备与笔记本电脑和智能手机不同，许多 XR 设备包含一些软件运行所需的传感器。这也意味着，XR 设备能获取独特的用户数据集，包括：

● 眼睛凝视；

● 头部运动；

---

① 2021 年 11 月 1 日起施行的《中华人民共和国个人信息保护法》中，"个人信息"的定义是"以电子或者其他方式记录的与已识别或者可识别的自然人有关的各种信息，不包括匿名化处理后的信息"。——译者注

- 手部动作；

- 瞳孔间距；

- 身高。

也就是说，VR 应用程序能够得到你如何移动、你在看什么、你看了多长时间等数据。

有学术研究表明，通过人们走路的姿势来识别他们，准确率可达 99.6%。我们应该还会看到针对用户肢体语言细微差别的类似研究，包括用户的手势、身体姿势——这些都可以通过 XR 设备和两个控制器记录下来。再加上用户的身高和瞳距，倘若研究发现借助这些数据的结合可以识别出自然人，那也不无道理。眼球追踪技术也在不断发展，已然成为一种商业上可行的身份识别手段。因此，这些数据集应该会被归为生物特征数据，这是《欧盟通用数据保护法案》中"个人数据"的一个特殊数据类别，需要更谨慎对待。

你知道吗？

许多 VR 头戴式设备使用的 SteamVR 追踪系统可以记录头戴式设备和控制器的实时位置和方向数据，每秒高达 1000 次。一次五分钟的 VR 会话可产生 540 万个数据点。如此庞大的肢体语言数据量，现在可以轻易产生和获取。

除了记录这些潜在的个人数据以外，一些更高端的 AR 和 VR 头戴式设备还会记录周围环境的数据。这些设备配有多个面向外部的摄像头，主要用于创建周边空间的 3D 地图。在 AR 设备上，这个功能可让物体更逼真地融入环境中。而在 VR 设备上，这个功能用于跟踪设备和控制器的位置，并且可提醒用户周围可能存在有危险的障碍物。然而，这些摄像头为创建 3D 地图而捕获的素材和数据可能代表敏感信息，倘若落入歹人之手，可能会造成损害。

在虚拟平台，有软件保障措施可防止用户在 VR 中意外撞到实体物品或被实体物品绊倒。当用户与实体物品距离太近时，这些软件会在 VR 中向用户呈现预定义的视觉边界。美国康涅狄格州纽黑文大学的研究人员对一个此类软件进行了一系列"沉浸式攻击"，意在迷惑、扰乱、危害和操纵 VR 用户对位置的感知。最后一种攻击被称为"虚拟环境操纵攻击"（Human Joystick Attack），其中包括在用户沉浸于 VR 体验模块时缓慢移动 VR 环境。这种攻击会刺激用户去做出细微的、通常是下意识的调整来补偿位置的偏差。在研究中，攻击者在几分钟内成功地使用户移动了将近 2 米。不过，64 名参与者中有 62 人意识到发生了什么事。尽管研究者仔细地确保参与者不会发生任何危险（房间里没有障碍物），但这项研究说明对 VR 设备的攻击可能会导致用户身体受伤。

这些攻击是在系留式设备上进行的，而设备所连接的电脑也被假定受到了外部攻击。因此，该研究的论证结果只有在电脑被外部攻击时才会发生，但它强调了在运行 XR 设备的系统上，用以保护 XR 设备和用户的有效网络安全方案的重要性。

在考虑如何恰如其分地保护 XR 设备时，可以尝试先分解组件。每个设备都包括以下组件：

- 实体硬件；
- 操作系统；
- 中间件（可为应用程序提供操作系统无法提供的功能）；
- 安装的应用程序。

这些组件就是潜在的外部攻击入口。对于系留式设备来说，系统的"大脑"是设备所连接的工作站——简而言之，这种设备本身就是一个屏幕和一组传感器。因此，对系留式 XR 设备来说，必须重点关注它的工作站，应使用现有的网络安全协议进行安全保障。

独立 XR 设备就比较有意思了，它们是自足式的，可以被视为另一种电脑。与之最为相似的技术就是智能手机了，许多智能手机都要在相似的处理器和操作系统上运行。

XR 头戴式设备可能搭载了旧版本的安卓系统，这种系统经过深度修改后可为 VR 设备或 AR 设备所用，并且支持设备专用的功能。一般来说，若不进行定期更新和维护，旧版本的操作系统可能会有安全风险，这一点可向 XR 设备供应商咨询。

你知道吗?

尽管微软已经不再对 Windows 7 操作系统及版本更旧的操作系统提供技术支持,但 83% 的医学影像设备仍在使用这些操作系统,因此医疗机构很容易受到攻击。而医疗机构一旦受到外部攻击,可能就会被迫中断运营,还会暴露敏感医疗信息。

使用通用的安卓操作系统,那些习惯于为智能手机提供技术支持的设备管理软件供应商就可以通过增加额外系统补丁的方式来兼容 XR 设备。如果你的企业拥有现成的智能手机网络安全协议,也可以通过同样的方式,修改之后应用于独立 XR 设备。

针对 XR 设备的攻击有实体攻击,也有数字攻击。硬件可能会被偷盗,因此需要采取物理保护措施,尤其是独立式设备,毕竟它只包含几个便携式组件。为防止未经授权的用户访问设备上的敏感数据,应使用密码锁定设备,加密在线通信,并对进出连接进行适当的监控和过滤。这些做法适用于整个软件栈——从操作系统到中间件,再到安装的应用程序。

你知道吗?

在美国，互联的设备中有 98% 的通信是未经加密的，这些通信数据很容易被窃取。

话说回来，并非所有的数据泄露都是恶意的。有些数据外泄是因为用户签署同意了 XR 硬件和软件供应商关于数据收集的条款。最好从一开始就直接询问相关供应商，如果他们的条款不恰当，越早知道越好。

总结

- 确保定期更新 XR 设备上运行的任何软件。

- 审核针对 IT 资产的现有网络安全协议，它们可能适用于 XR 设备（经过一些调整后）。

- 了解最新法规，为可能波及计算设备及 XR 软硬件独特属性的法条变更做准备。

- 阅读细则条款，了解你正在使用的 XR 硬件和软件的使用条款。

第九章

CHAPTER 9

部署与验收
阶段的挑战

◉ 设备管理

对于不多于 20 套设备的本地小规模部署项目，如果只需要偶尔更新维护，那你可以不用设备管理软件。而对于较大规模或远程部署的项目，建议使用合适的设备管理解决方案，避免费时费事。

企业使用设备管理解决方案来管理工作设备的应用程序、维护策略和安全性。所谓工作设备，可以是笔记本电脑、智能手机、平板电脑，甚至可以是可穿戴设备。这种管理软件在设备和公司的 IT 管理人员之间建立了一个双向的信道。这样一来，公司就能施行设备维护政策，比如在智能手机上部署一个 6 位数密码的锁定功能，每 6 个月必须更换一次，以确保一定程度的安全性。

如果出现任何问题，比如设备丢失或被偷盗，管理人员可以远程安全地清除设备上的数据，确保敏感数据不被窥探。

我们可以看到，随着越来越多的组织机构大量采购 XR 硬件，针对 XR 的设备管理解决方案也越来越重要。诸如 HTC 公司和傲库路思之类的 XR 供应商有自己的系统可管理他们的商业版 XR 设备。市场上也有专门支持 XR 的设备管理解决方案供应商，比如 42Gears、Miradore、思可信（MobileIron）和

VMware 等。设备管理的价格是每部设备每月 4 美元起。

根据具体的设备管理解决方案，管理人员可在设备上执行以下操作：

- 发送文件（应用程序、数据文件、视频、图片）；
- 静默安装应用程序（即在不提示用户或要求用户输入任何信息的情况下进行安装）；
- 重置整个设备，安全清除设备上所有信息；
- 保存 Wi-Fi 配置文件，包括其名称和密码（保存后，当进入该 Wi-Fi 连接范围时，设备可自动连接）；
- 浏览设备的文件和文件夹结构；
- 观看设备的视觉输出（有助于在远程排障时指导用户）；
- 修改设备上的设置。

此外，管理人员还可以查看所辖设备的大量信息，包括：

- 设备的型号名称；
- 设备名称——可更改的用户名称（如"爱丽斯的备用机"）；
- 序列号——通常是字母和数字组合（如"PA7650MGD921275X"）；
- 蓝牙名称——用于连接无线耳机等配件；
- 连线状态——在线或离线；
- 最后连接的时间戳——设备最后一次在线的日期和时间；
- 电池电量；
- 设备温度；

- Wi-Fi 网络名称；

- 操作系统信息；

- 固件版本——使设备硬件得以与操作系统进行通信的软件；

- 存储与内存使用情况。

在使用广泛兼容的解决方案来管理 XR 设备之前，每个设备的固件版本和序列号等信息都必须记录在电子表格中。需要执行的任何内容变更（新应用软件和媒体的安装或卸载）都必须逐个设备连接到计算机上手动完成。

管理人员可以借助这些信息识别有问题的设备，确保设备上所有软件都是最新的，确保配件得以正确连接，以及确保设备在正式活动之前充好电。这些信息都是数字化的。设备的实体标签信息与管理面板上的设备名称相匹配，通过这些标签信息可对设备进行对照检索。

设备管理解决方案的选用，取决于你要部署的设备数量、型号以及你想要的管理级别和功能。并非所有的 XR 设备都与所有设备管理解决方案兼容，所以你可能会需要结合使用多种解决方案，以期管理所有的设备。

普华永道公司：远程管理 300 个设备的部署

普华永道公司搭建了一个沉浸交互式网络安全危机模拟模块，用以向客户传达网络安全问题的重要性，帮助客户了解网络安全的现实情况。用户会被安排进入一场紧急董事会议，会上所有人都在评估网络安全情势，试图找出摆脱危机的办法。这时，用户可以选择担任首席执行官、首席财务官（CFO）或首席信息安全官（CISO）的角色。这些角色需要针对不同的事项做出决策，并且随着事件展开，会对危机有不同的看法。

这个 VR 体验模块在加拿大多伦多的一场普华永道公司活动上首次亮相。普华永道公司邀请了 300 名合作伙伴参与体验，向他们每人发了一个 VR 设备。

这个模块的规划和开发阶段历时三个月，部署阶段历时两周。部署工作包括在活动场馆搭建我们自己的本地网络基础设施及在设备上安装设备管理软件。我们使用设备管理软件对每个设备执行以下操作：

● 下载并安装网络安全软件；

● 下载软件的媒体文件，并将其保存在设备中正确的文件夹内；

● 加载活动场馆的 Wi-Fi 网络详情；

● 更改每个设备的蓝牙名称，使之匹配实体标签上的编号（方便设备与蓝牙耳机配对）；

● 更改设置，防止设备在不活跃时进入休眠状态。

我们总共通过设备管理软件向设备发送了大约 1600GB 的无线数据。在正式交付那天，300 个设备都成功连接到我们在场馆搭建的本地网络。应用程序内置了同步和数据收集功能。

　　我们使用平板电脑作为控制系统，这些平板电脑也连接到网络上。我们可以在平板电脑上点击一个按钮，通过无线网络为所有用户启用应用程序。在平板电脑上，还可以看到每名用户在模拟中做出了什么决策，做出决策花了多长时间，以及他们在 VR 模块中体验了多长时间（图 9–1）。

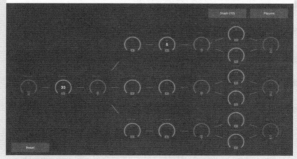

图 9–1　普华永道公司 VR 体验模块

注：上图为参与者正沉浸式体验网络安全危机模拟模块。下图为控制系统的屏幕截图，展示了一次测试期间，模拟模块的分支路径及每个分支节点的用户数量。

体验在 15 分钟后结束，我们得以展示出所有参与者决策的汇总结果，并用其推动了一场关于网络安全攻击危机的丰富而热烈的讨论。

由于这场活动获得成功，这个 VR 体验模块在全世界大约 30 个国家和地区投入使用，而有效的设备管理仍是它的部署工作的重头戏。

◉ 保持设备卫生

保持 XR 设备卫生是维护工作中必要且关键的一部分，尤其是在设备共享的使用场景下。比如，参加产品演示活动、大型会议，或项目期间出借设备。

要保持设备卫生，有三种主要方法：

1. 使用一次性消毒湿巾擦拭

这是保持设备和其他外接配件清洁最简单的方法。一次性消毒湿巾可以从网店或当地实体药店购买。如果消毒强度足够高，一次性消毒湿巾可以既杀死病原体，又不损坏设备的面部衬垫或塑料机身。这是一种恰当的清洁方法。

这种湿巾非常便宜（批量订购时，每块湿巾的单价不到 0.05 美元），为了防止任何可能存活的病原体或残余物交叉传播，通常建议在清洁时，每个设备单独使用一块湿巾。因此，对于那些设备需要频繁转手的活动，这种清洁方法会导致垃圾快速堆积及成本快速上升。这对生态环境无益，从长远看来可能相当不划算。

一些头戴式设备的面部衬垫材料是多孔的（如纺织物或泡沫），使用一次性消毒湿巾难以有效清洁。在这种情况下，可以考虑购买无孔材料覆盖的面部衬垫（通常使用硅树脂或聚氨酯皮革），或使用其他解决方案。

一项关于 VR 头戴式设备感染控制的研究表明，控制效果最差的头戴式设备使用的是多孔塑料面部衬垫，使用一次性消毒湿巾擦拭后仍有 7% 的细菌残留；而效果最好的设备使用的是无孔塑料面部衬垫，擦拭后只有 1% 的细菌残留。

2. 佩戴一次性面罩

一次性面罩类似外科医生使用的面罩，通过环绕耳朵的带子固定在面部。不过，这种面罩并非用来覆盖嘴巴和鼻子，而是在眼睛周围和鼻梁上方形成一个圈——这个区域正是大多数 XR 设备与用户面部接触的地方。这样，面罩会在设备和面部之间形成一道屏障，以防止任何接触传播。

这种面罩通常在 VR 体验馆或其他娱乐场所使用，用户无论穿戴多少次设备或接触多少个不同的设备，都可以仅使用一个面罩。虽然这种面罩的单价比一次性消毒湿巾要高，但是只要用户在更换设备时使用同一个面罩，那面罩的消耗量就比消毒湿巾要少。这样，相关的成本就不是一个面罩的单价，而是

平均一个设备的面罩消耗量。比如，一名用户使用一个成本为
0.2 美元的面罩一整天，前后穿戴了 10 个设备，这表示有效成
本是 0.02 美元。这样一来，一次性面罩就比一次性消毒湿巾
更便宜，或至少成本相当。如果使用量较低，这种解决方案产
生的垃圾也比一次性消毒湿巾更少。

然而，由于面罩仅覆盖眼睛周围的区域，并不能为其他
部位提供任何保护，尤其是头部侧面和顶部的束带接触区域，
所以这种方案还是为病原体传播留下了可乘之机。

3. 紫外线消毒

短波长紫外线（UVC）能破坏微生物的脱氧核糖核酸
（DNA），令微生物失活。世界各地都在使用紫外线消毒水资源、
物体表面和设备。仅在欧洲就有 2000 多家紫外线水处理厂。

紫外线消毒机器有手持式的，也有立式的。这个解决方
案的前期成本比消毒湿巾或面罩都贵，从 100 美元到 1500 美
元不等，但它的有效性是有科学依据的。有证据表明，在适当
的条件下，紫外线可以消灭 99.99% 的病原体。

这种机器对于固定式部署项目是很有用的。在固定式部
署项目中，每次用户用完 XR 设备，都要把设备放回原位。用
户使用消毒机器的门槛很低，非常方便——只要把 XR 设备放
到消毒机器的容器中并按下按钮即可，因此非常适合非专业用
户的设备管理和使用。

然而，紫外线无法处理化妆品、汗水和其他残留，因此

设备与面部的接触区域可能仍需消毒湿巾进行补充清洁。

👁 收集解决方案相关数据

在为 XR 解决方案构建商业案例、寻求赞助、开发软件忙得焦头烂额时，别忘了一件事：要考虑，有哪些可能有用的数据需要收集以及如何收集这些数据。这件事非常重要，却往往会被搁置。

定量数据和定性数据可以通过几种方式收集：通过调查问卷直接询问用户从而获得反馈，检查 XR 应用程序内的用户操作行为，分析用户使用 XR 应用程序时的生物特征数据（生理测量值）。表 9-1 列举了 XR 解决方案性能数据的收集方法，以及这些方法是收集定量数据还是定性数据，数据收集方式是人工收集还是自动收集。

表 9-1　XR 解决方案性能数据收集

数据收集法	可用的数据类型	数据收集方式
用户调查	定量、定性	人工
用户操作行为	定量	自动
生物特征数据	定量	自动

表 9-1 的数据收集法是按复杂程度递增排序的。用户调查是相对容易执行的，可以将纸质问卷或数字问卷的形式呈现给用户。要从 XR 应用程序自动收集用户操作行为数据，需要

将收集功能构建到应用程序中。一些生物特征测量（如脉搏率）需要配备专业硬件，而语音分析和眼动追踪（或至少追踪头部方向作为参考）则可以在大多数 XR 设备上进行。

用户调查是一种常用的数据收集方法，也是收集开放式定性数据的主要方法。不过，自动收集数据的方法所需的后续整理工作就少一些，如果要定期收集数据，自动收集能节省很多时间。另外，比起依赖用户主观的自我分析和回忆，自动收集数据可以对用户的情绪和行为做出更加直接、即时的评估，并且这样的评估可能更可靠。

不管是什么项目，都需要在项目规划阶段评估并确定数据收集方法。收集的数据（包括问卷的所有问题）将受到项目目标、最终用户、硬件选型和应用程序中可用的交互的影响。

举个例子，对于一个用于培训销售主管成功向潜在客户推销产品的 VR 体验模块，你就可以收集以下各方面的数据：

- 用户打开应用程序的次数；
- 用户在应用程序中花费的平均时长；
- 每名用户与客户的目光接触次数；
- 用户表现出的信心——通过用户说话的语调、每分钟说话的字数、停顿次数或表示出犹豫的词语数（如"嗯""唔"等）来评估；
- 用户的技巧得分——由用户与客户交谈时使用的关键短语来确定；
- 每名用户对解决方案的看法（如存在感、用户投入程度、用户喜爱度、整体效果及与常规培训方案的比较）。

再举一个例子，对于一个用于协助实施工程师完成技术任务的 AR 解决方案，收集这些数据可能很有用：

● 用户完成工作任务的速度和准确性；

● 访问与工作任务相关的数字图表时，用户感知到的加载速度和易用性；

● 激活"连接远程专家"功能的次数。

在设计 XR 体验时，务必牢记数据分析的重要性。收集得来的数据可以与其他解决方案的数据进行比较，以评估 XR 技术在特定应用程序中的有效性。这样做有望促成你需要用以获得进一步投资的商业案例，从而继续改进和扩展你的解决方案。

普华永道公司：为同事设身处地

普华永道公司举办过一个为期三天的活动，为 2800 名员工提供了 VR 体验。活动的目的是帮助员工以职业规划师的身份应对不断变化的世界，理解、共情和开放地对待来访者及他们不同的境况和诉求。

在这个 VR 体验中，他们置身一个共同的场景——项目启动会议。在会上，一位领导向团队简要介绍了客户、项目和行动计划的情况。最初，用户是其中一名雄心勃勃的团队成员（我们简称之为"雄心成员"），是一个愿意牺牲私人时间以尽快推进事业的人。听完团队领导的讲话和雄心成员的内心独白后，会议场景重新开始，但这一次，用户的身份是坐在雄心成员对面的另一位成员（我们简称之为"焦虑成员"）。这位成员的内心独白表明，此时他非常焦虑，因为这是本周工作日的最后一天，他早已安排好一下班就回家带孩子，但若是不参加项目启动会议，他会非常内疚，因此他什么也没说。此时，他正在手机上尽可能谨慎地安排照顾孩子的事情，因此他无法集中精神开会。

体验结束后，员工被分为 4~5 人一组，一起思考和分享他们的所见、所闻、所感和所学。所有参与者都可以选择通过开放式调查提供体验反馈。我们收到的意见分为"正面反馈"和"负面反馈"，其中负面反馈按六个确定的主题进行再分类：环境、硬件、舒适度、易用性、价值和内容。

80% 的反馈是正面的。对这些反馈的研究结果表明：

● 绝大多数员工认为这次体验很有价值；

● VR 是一种强大的工具，有助于理解他人和他人的不同境况；

● 参与者希望在未来的更多培训中（尤其是软技能培训）使用 VR 体验，代替在线学习模块和网络广播课程；

● 在培训尾声留出一点时间进行小组讨论总结，引起了一场丰富而热烈的讨论。如果没有使用 VR 体验，这场讨论不会如此深刻。

大多数参与者认可 VR 技术作为沉浸式媒介及其用于建立共情力的优势。有一位参与者的评价很好地总结了这一点：

"（这次会议最棒的是）VR 体验和从不同角度看同一件事的真实感受。在 VR 中，我感觉我们确实能从他人的立场思考事情。"

这些调查结果都有力地支持了对这个体验项目的投资，但最具效用的评价来自那 20% 不那么热情的参与者。图 9-2 按反馈分类相关数据升序排列。

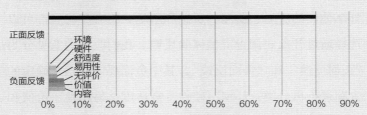

图 9-2　参与者对 VR 体验模块的正面反馈与负面反馈

负面反馈：环境问题

这类问题与用户周围环境有关，如噪声或室温。这类评价数量很少，其中有些人指出的噪声问题，是由于已完成 VR 体验的参与者开始交谈，影响了仍在 VR 体验中的参与者。还有些人注意到场馆中的地板吱吱作响，这也分散了参与者沉浸体验的注意力。此外，有些人抱怨室温过高，导致 VR 设备的镜片起雾。针对这一部分问题总结出的学习要点有：

● XR 设备外部与设备内部的事情一样重要。要让用户沉浸在虚拟环境中，就要创造条件让用户在体验期间只看到、听到虚拟环境中的内容。

● VR 头戴式设备的电子零件会发热，这一点应该通过降低场地室温来补偿。如果现场有大量设备和用户（或者现场空间相对较小），室温就更加重要，因为设备发热会让 VR 用户和其他人都待得不舒服。

● 尊重 VR 用户的体验，当他们沉浸在 VR 体验中时，保持安静。

● 注意噪声影响，在 VR 体验期间尽量减少噪声。

● 尽可能同步所有用户的进度，让大家的 VR 体验在差不多同一时间结束。比如，可以同时启动体验，并给他们适当的引导。如果有条件，使用同步软件控制他们的设备并同时启动体验模块。对于模块中的支线剧情，在设计时尽量让每条支线的总时间相同。

负面反馈：硬件问题

这类问题与 VR 设备及其配件有关。绝大多数这类评价表明，用户很难调校出适当的光学焦点。这是设备佩戴位置引起的——设备在前额偏上方或偏下方，用户的视野都会变得很模糊，就如我们平时戴眼镜，透过眼镜的边缘往外看一样。有一些人指出设备太过笨重，以及视觉质量相对较差。除了用户所反馈的问题，我们还发现，尽管我们的现场排障工作安排得十分及时，还是有大约 10 个设备在中途出现了故障。当时还是基于智能手机的 VR 时代，幸好，如今的技术已经有了很大的进步！针对这一部分问题总结出的学习要点有：

● 硬件问题是不可避免的，但有些用户操作错误可以通过事先指导来避免。我们无法预防所有的问题，但是当问题出现时，我们可以准备好快速有效地应对问题。

● 准备 10% 的备用设备。如果一个硬件问题无法快速修复或者需要研究才能处理，可以立即给用户更换一套备用设备，然后再尝试解决该硬件问题。如果解决了，就将设备放入备用区，或者收起来，在当前体验项目中不再提供给用户。

● 设备的光学焦点问题频发，尤其刚接触 VR 的用户常常会遇到。可事先向用户说明，可能需要他们手动上下调整设备的位置，以调整焦距。一般不需要左右调焦。

负面反馈：舒适度问题

用户舒适度问题指的是任何与环境问题无关的舒适感缺失。有一些用户提到体验过程中有晕眩感，有一位用户对于与现实世界的隔绝感到不适。针对这一部分问题总结出的学习要点有：

● 告知用户，小部分人可能会感到轻微不适，确保向用户提供替代选择。

● 提供桌面版体验模块。

负面反馈：易用性问题

这类问题跟 VR 体验的介绍和其他相关使用指引有关。有些用户弄不清楚他们应该在 VR 体验里做什么，而有些人则认为 VR 设备的使用说明实在太冗长了。针对这一部分问题总结出的学习要点有：

● 提供充足的信息和提供过多的信息之间只有一线之差。不同的用户对技术的体验程度深浅不同，会加剧这类问题的出现。

● 在 VR 体验中加入初次体验说明，明确告知用户可以环顾四周，或者至少在用户进入 VR 体验之前提到这一点。

负面反馈：价值问题

这类问题是指用户认为使用 VR 技术没有足够的价值。有些用户认为没有必要使用 VR 技术来传达会议的信息。针对这一部分问题总结出的学习要点有：

● 深入挖掘这一类反馈问题，因为它可能与其他类别的问题有关。"价值"实际上有一个潜台词：用户付出。用户为克服障碍付出的努力越多，用户感知到的净价值就越少。

● 环境、硬件、舒适度、易用性和内容问题都是用户在体验时需要克服的障碍（即用户付出）。将用户付出最小化，就能提高净价值。

● 不要指望达到 100% 的正面反馈率——有些用户根

本不会连接进入体验。

负面反馈：内容问题

这类问题与 VR 体验（剧情）包含的内容有关。用户可能希望在体验中看到更多不同的内容，或者想要更多互动性。针对这一部分问题总结出的学习要点有：

● 用户想要沉浸其中。高水平的互动性可以提高用户的沉浸感。

● 考虑增加决策点或其他形式的互动，使 VR 体验更具互动性。

● 在规划阶段引入目标受众，收集他们的想法。在进入开发阶段之前，整合这些反馈意见。

这是我们最早的一个 VR 技术使用案例，我对此进行了清楚的说明，因为它对我们极具价值，我们从中受益匪浅。希望读者在自己的项目中可以利用这些知识跨越或解决类似的问题。后来我们运用这些经验，在下一个 VR 项目中获得了 95% 的正面反馈。

第十章

CHAPTER 10

360 度全景 视频新手指南

——亚莉克丝·鲁尔

◉ 简介

2016 年年初，我站在一个场地中央，身旁是一组绑在一支立杆末端的运动型摄像机。这些摄像机是用一个 3D 打印的自己动手制作（DIY）装置和一条电工胶布固定在一起的。我面对着眼前这套朴实无华的工具，不禁对自己说："天啊，我到底要怎么办成这件事？"

不知道是因为我喜欢挑战自己，还是因为我一直为自己"我什么都能干"的人生态度引以为傲，还是因为我觉得我开始摸到一项新兴技术的门道，但是从那一秒起，我清楚地知道，我必须在 VR 事业上孤注一掷了。

我从 14 岁就开始制作电影，拥有制片学士学位，在电视行业有 4 年的工作经验，为英国广播公司第三台（BBC 3）、英国天空电视台和英国独立电视台（ITV）等国家广播公司制作过大型节目。尽管如此，当我接了这个项目，为英国一个知名品牌拍摄一部 360 度全景电影时，我仍不知道自己将要陷入的是什么样的境地。

我捋了捋思路，权衡了这个项目的风险和回报，最终得出结论："不过就是用一部相机把周围一切给拍下来，这能有多难？"

在拍摄前一天晚上，我暗自感到我应该能够把这个项目忽悠下来。毕竟，在面对一项新技术的时候，我们现在有一个先辈们没有的教学工具：谷歌（Google）搜索引擎。

结果什么都没有！真的，太可怕了！对于信息时代的千禧一代[1]来说，没有什么比在搜索引擎上寻求建议、指导和视频教程，却几乎完全找不到任何结果更令人恐惧了。每次猛敲回车键，我使用的搜索关键词都一无所获：

- 如何设置 360 度全景摄像机装置？
- 360 度全景视频要怎么设置？
- 360 度全景视频和传统电影有什么不同？
- 如何为 VR 设备制作电影？

什么都没有！

我熬通宵疯狂与租来的设备搏斗，尽可能多地获取实操经验，为拍摄做准备。第二天，我带着摄像机来到了拍摄现场，满脑子都是关于我正在探索的这种新媒介的问号。

距离我第一个拿起 360 度摄像机至今已经 4 年多了。在这段时间里，我学到的东西可以浓缩成一句话，我想很多人也会认同这句话：这是一种全新的媒介，这种媒介有新硬件、新工作流和一门尚未被定义的全新电影语言。

---

[1] 千禧一代又称 Y 世代，指跨入 21 世纪后成年的一代人，即在 20 世纪 80 年代早期至 90 年代末出生的人，千禧一代的成长伴随计算机和互联网的发展。——译者注

因此，我不打算让你困在一个似是而非的领域中，带着令人生畏的摄影设备慢慢摸索着消除自己的困惑，我会让你深入了解我在这个制作 360 度全景视频的闪电战中所学到的一切。

◉ 使用 360 度全景视频的理由

本书到这里，你大概已经了解在什么情况下可以采用 VR 技术作为你的业务解决方案。不过，恰如杰里米所说，VR 可以搭载许多不同形式的内容。对内容创作者来说，关键问题是为什么应该使用 360 度全景视频，而不是计算机生成内容——向观众提供真实环境的 360 度全景视图有什么好处？

1. 捕获场景

活动、行业研讨会、产品演示会、大型会议或无数其他线下商业场合都是安装 360 度摄像机的好机会。捕获这些场景，可以让员工、客户和利益干系方随时随地按需进行沉浸式体验，如同亲临现场。

这也可以作为不便出行或出席的无压力解决方案。假如有远程工作的员工不便出行，或者只是想减少碳排放，或者因心理健康问题而不愿意身处人群之中，或者有身体残障无法出席活动等，360 度全景视频对他们来讲是仅次于亲自到场的最佳选择。

2. 摄影写实主义

尽管现今的计算机制图能力有了巨大飞跃，但影片拍摄仍是捕获真实场景的最佳方式。根据我与客户打交道的经验，大脑在视频中识别环境或人物时，投入程度要比在动画场景中识别更高。计算机制图可以制作出不可思议的强大体验模块，但也需要大量的工作和成本费用。如果你的目标是唤起用户的共鸣和情感，使用 360 度全景视频直接从我们熟悉的现实世界中拍摄内容通常会更有效。

3. 新用户更易上手

对大多数人来说，使用 VR 最好的切入点就是被动式 360 度全景视频，因为未接触过 VR 的用户一戴上设备，即可享受到一种吸引人、往往令人震撼的体验。在我向用户演示一些更具互动性的 VR 产品时，我发现，除非新手指南编得完美无瑕，或者用户十分熟悉视频游戏，否则当用户拿到 VR 设备和控制器，并开始与他们从未体验过的东西互动时，问题就来了。

互动式 VR 体验需要更多专业知识、资源和售前培训、售后跟进，而被动式的 360 度全景视频只需要用户戴上设备，坐好，开始观看眼前的场景就完事儿了。

4. 内容创作更轻松

拍摄视频已经成了我们日常生活的一部分。每一个拥有智能手机的人都拥有一部足以用来制作好莱坞电影的摄像机。虽然手机不能拍摄 360 度全景视频（暂时还不能），但我们对相机的设置、术语和视频拍摄文化的通晓可以转移到 360 度全景视频的拍摄上。对大多数人来说，从使用智能手机拍视频跨到使用 360 度摄像机拍视频只是一小步，远比跨到学会高级游戏编程和 3D 图形建模技能要小得多。后者是使用计算机生成内容制作 VR 模块所需的技能。仅需跨出一小步，而且不到 500 美元即可买到一部出色的入门级 360 度全景摄像机，因此 360 度全景视频着实是一个有吸引力的入门选项。

 ———————————————————— 你知道吗？

如今的消费级智能手机非常强大，已被用于专业电影制作：美国电影制作人史蒂芬·索德伯格（Steven Soderbergh）在院线和奈飞平台发布过几部用手机拍摄的电影。屡屡获奖的喜剧片《橘色》（*Tangerine*）和嘎嘎小姐（Lady Gaga）的最新 MV 也是用手机拍摄的。

5. 更易发布

除了易用性，360 度全景视频内容比其他形式的 VR 内容更容易发布。在所有 VR 内容中，360 度全景视频的应用最为广泛，因为它仅要求三自由度设备。三自由度设备是最便宜的VR 设备了，不需要计算机或笔记本来供电，是一个小而美的选择。与计算机生成内容相比，360 度全景视频文件可能比较大，但大多数在线平台都可以存储 360 度全景视频，快速分享这类内容相当容易。

在进行 VR 演示时，360 度全景视频不需要过大的人均空间，因为用户是静态的，只需简单地坐着环顾四周即可。

而那些更复杂的互动式 VR 项目就没有这么简单了：首先互动式 VR 的用户量有限，因为设备非常昂贵，且需要更多时间和人手来维护和排障；而且使用时需要更大的空间，因为用户会挥舞双手，还可能在体验中途四处走动。

◉ 对你想要的结果进行逆向工程

好了，你已经决定你要制作一个 360 度全景视频了。那现在怎么办？下一步，就是对你所预期的项目结果进行逆向工程分析。想象项目完成后的样子，并从这里入手。

你希望这个项目实现什么商业成就？你希望你的应用程序如何影响用户？你将如何推动它落地？

虽然我的专长是为 VR 头戴式设备定制 360 度全景视频，但 360 度全景视频也可以在业内人士所谓的"魔法之窗"上显示。也就是说，用户可以在平板电脑、手机或计算机浏览器中浏览 360 度全景视频内容。它之所以被称为"魔法之窗"，是因为它打开了通向另一个现实的窗户。用户可以通过移动手机或点击鼠标来浏览视频内容，而不是像佩戴着 VR 设备那样移动头部。

在制作内容之前，提前确定最终所用的设备是非常重要的。因为虽然视频制作流程相同，但针对不同的设备，导演风格和拍摄、剪辑手法可能大相径庭。关于这一点，我们将在制作部分对此进行更深入的探讨。这么说吧，如果你制作的 360 度全景视频有大量移动摄像机的画面，又包含许多快速转场效果，那将是一个非常棒的"魔法之窗"体验，因为这类设备的用户不投入，注意力非常短暂。如果将其移植到 VR 设备上，那基本可以确定，它会让用户感到多少有些眩晕。

在我的职业生涯中，我一直非常坚定地相信，投资这种使用 360 度全景视频内容的 VR 设备能为企业提供商业价值和投资回报。这正是我擅长的领域。因此，接下来我将概述这些益处，以及如何用你的 VR 内容获得这些益处。

VR 内容是否能为你带来投资回报，很大程度上取决于你的选择，要看你要创造的内容是作为大活动的一部分，还是一个独立体验模块。

这一点为什么重要呢？因为这可能会影响 360 度全景视频的开场——如果是独立体验模块，那它可能需要包含更多使用说明；如果是大活动的一部分，而且希望 360 度全景视频成为现场与会者讨论的催化剂，那就要事先根据现场情况打磨剧情、了解场景的播放方式，从而引发现场更加开放和深刻的讨论。

杰里米与我一起完成的一个项目就是一个绝佳的例子。项目的隐秘代号是"转移项目"（Project Shift），内容主要是360 度全景视频体验模块，是一个全面变革管理计划的一部分，旨在突出高级领导层的负面行为并促成关于这些行为的对话。为了实现需求，我们拍摄了一些正面行为和负面行为的案例，以此展开小组讨论。

确定好你要制作的内容是独立模块还是集成模块，然后需要确定，你希望用户从体验中获得什么。你是想让他们受到启发，还是享受娱乐？你想让他们感到不自在，还是感到悲伤？你是想开阔他们的视野，还是感染他们的情绪？考虑这个问题，应从项目的总体目标出发，其中可能包括通过现有业务流程节省时间或金钱、转化更多客户或产生更多的销售线索。

至此：

● 你已经做出了决定，就是要做一个 360 度全景视频，并且你清楚自己选择这种呈现形式而不是其他 VR 内容的理由；

● 你已经确定该内容将如何发布和推广；

● 你知道你希望用户从体验中获得什么。

现在，我们从头到尾走一遍设计 360 度全景视频的过程。

设计 360 度全景视频：三个阶段

创作 360 度体验的过程可以分为三个阶段：

● 前期制作：这是你在拿起摄像机套件之前需要搞定的所

有前期准备工作。

● 制作：这是真正动手的工作阶段，需要花费时间进行拍摄工作。

● 后期制作：这是拍摄完之后的所有工作，包括视频剪辑、音效制作和视频拼接等。

对于360度全景视频来说，最重要的就是前期制作阶段。好莱坞有句话："等后期再修复吧。"不过360度全景视频制作可不是如此，360度全景视频的镜头拍摄错误极难纠正。一些很简单的问题也有可能在后期制作阶段让人头疼，比如没有考虑到某个道具，或者没注意到房间里出现了不该出现的商标。因此，在前期制作阶段付出大量努力、投入大量工作并得到利益干系方的认可是非常重要的。

◉ 前期制作

1. 用户的关键收获

当用户从VR体验中抽离，你希望他们感受到什么？他们应该学到什么？你是想通过让他们体验别人的视角，从而唤起他们的共鸣吗？或者，你是想让他们了解到如何在办公环境中发现风险隐患吗？对目标的描述越具体越好。

比如说，你想利用360度全景视频的VR体验来培训员工，告诉他们糟糕领导的影响。传统培训视频通常是让导师对着摄像机讲解，360度全景视频则不同，可以让用户置身于糟糕领导力的场景中。用户得以沉浸式体验，这种体验犹如亲身经历，他们在未来还可以回忆和借鉴。

2. 高水准故事板

接下来，你要将360度全景视频的每一个场景分解出来。要做这件事，就得事无巨细，从预算到后勤到项目交付时间表都了解透彻。

要勾勒出每个场景的主要情节，包括演员在场景中要做什么、演员之间要如何互动、演员的走位以及场景需要的关键道具等。

每个场景的关键情节和意图是什么？例如：

第一场

地点：私密会议室

人物：弗雷娅（Freya）和托比（Toby）

道具：托比的电话、会议室装饰

情节：弗雷娅正在等待与经理会面，好开始她的年度评估。她很紧张，因为她没有完成关键业绩指标（KPI）。她的经理托比一边通电话，一边怒气冲冲地进入会议室。他看上去很焦虑，挂了电话后，他开始连珠炮似的讲起话来，没让弗雷娅插一句嘴。事实上，他已经忘了弗雷娅为什么在会议室里了。弗雷娅离开会议室时心里更沮丧了，心怀怨怼，诸如此类的事情日积月累起来，就会影响她的工作表现。

专业小窍门

开始创作 360 度全景视频时，要克制住在拍摄过程中想要移动摄像机的冲动。如果操作失当，移动的机位会让用户眩晕、失去方向感，用户有可能就此退出不看了。

3. 用户视角

制作 360 度全景视频和传统视频的关键区别就是用户的视角。VR 的超能力就是它能让用户体验别人的视角。不是所有的项目都会从角色的视角拍摄，但你总得给用户一个理由，让他们相信自己身处剧情之中。这样，用户就能真正代入角色，而不会感觉不明就里。

小知识

VR 行业的专业人士将传统视频称为"平面"，因为传统视频只捕获了场景中有限的 2D "平面"内容。

在考虑视频内容拍摄视角时，想想你想让用户收获什么，以及传达这些信息的最有效角度是什么。在前述的"糟糕领导力"项目中，从弗雷娅的角度来体验这个场景是最有效的，这样用户就能感受到托比的行为对她的影响。

专业小窍门

　　我常使用的一个技巧是内心独白，用以增强用户对角色的代入感。这样做可以让用户了解角色的想法，加深共鸣。在杰里米和我一起制作的多个项目中，我们发现这个技巧在建立我们希望用户感受到的情感方面非常有效。

切换视角

　　我常被问到的一个问题是：可以让用户切换视角吗？答案是肯定的，但务必注意一点：切换视角时，一定要直截了当地告知用户。我个人强烈建议，不要在同一个场景中切换用户视角，因为这样可能会让用户犯迷糊。我和杰里米一起做项目时，我们发现，在一些场景的开头进行简短的描述是很有用的，这样可以让用户知悉本场景的视角。比如，用户通过弗雷娅的视角体验一个场景，而在下一个场景要切换到托比的视角，那我就会在两个场景的开头插入解释，提醒用户注意视角的切换。文案大概是这样的：

　　"你是弗雷娅，律师事务所的初级经理，正在等待年度评估。"

"你是托比，律师事务所的合伙人，正在手机上和一名董事会成员通话。"

4. 编写场景脚本

360 度全景视频是一种新兴的媒介，还没有形成固定的项目脚本格式模板。一般来说，商业相关 360 度全景视频最有效的脚本模板可以参考表 10-1。

表 10-1　360 度全景视频某项目拍摄脚本示例

脚本	场景描述及布景说明
第一场 从初级经理弗雷娅的视角入场，她正在等候与经理托比进行一对一会面。托比是律所合伙人，将对她进行年终评估。	位置： 托比的办公室。 桌子上有一个空咖啡杯和一叠纸。
弗雷娅 （内心独白） 希望托比此前抽空看过我的 KPI 数字。	黑屏开场。文本显示： 你是弗雷娅，某律师事务所的初级经理。
托比 （惊讶状） 哦，弗雷娅啊，我们有预约吗?	托比进入办公室，一边用手机发消息，一边笑着。

你会发现，对话和关键表演细节在左边，而肢体动作、场景描述等内容在右边。使用这种模板，读者可以很快知悉场景制作的关键组成部分，比如每场戏的位置、需要上场的演员、场景的拍摄视角、需要的重要道具及拍摄团队的其他关键信息。

专业小窍门

别忘了描述你对演员表演的要求。他们应该表现什么情绪？他们在场景中说的话是对谁说的？请记住，在 360 度全景视频中，每个人都会被镜头拍下来，因此对于没有台词的角色，也要做出清楚的指示。

5. 场景长度

剧本有一个黄金法则：一页对话大约相当于一分钟的镜头时长。写剧本的时候，要知道这一点。360 度全景影片更像是戏剧，而不是电影，所以在写剧本的时候，除了一页对话对应至少一分钟镜头，还要注意那些持续时间太长的场景。请记住，360 度场景是不剪辑的，所以演员们必须记住整个场景的全部台词，在拍摄时争取一条过。也就是说，假如你的剧本时长是六分钟，场景中有三名演员，那么如果一名演员在第五分钟时说错了一句台词，整场都必须重新开拍。

在我和杰里米合作过的所有项目中，我们的最高重拍纪录是 17 镜次。那个镜头时长 3 分钟，相对较短，但场景相当复杂，有 7 个角色在会议室里，其中 2 个角色在打电话，人们在房间里进进出出。每个角色的台词都很短，而且必须跟着前一个角色的台词说，话赶话，每句台词都容易出差错——第 18 镜次才幸运地拍出来一个成功的片段！

6. 演员与嘉宾

你可能已经注意到了，迄今我所举出的示例都提到了使用演员来扮演人物角色，而不是使用没有接受过媒体培训的嘉宾（比如让你公司的雇员在影片中客串）。这是因为拍摄360度全景视频在技术上颇具挑战性，如果没有大量的准备和排练，大多数人都无法表现得像专业演员一样好。

如果你要使用业余嘉宾，而不使用专业演员，务必确保他们能脱稿演出，他们必须对台词了如指掌。一定要让他们进行大量排练，让他们适应镜头，确保他们清楚自己在每一个时间点的走位——这些都是非常重要的细节，任何问题都会影响后期制作。

7. 场景中的情节与道具

基于技术原因（具体将于制作阶段再作探讨），你需要针对每一个场景，仔细考虑演员的走位和动作，以及每场戏要使用的装饰和道具。

在选用道具时，请记住，整个场地都会被拍摄下来，摄像机不会放过任何一个角落。仅布置一部分区域是没有用的，一切都会被镜头捕捉，所以一切都需要仔细考虑。要特别留意一些需要移除的品牌商标或任何可能影响剧情的不必要装饰，甚至是一些微小的细节，比如场景剧情发生在清晨，而道具时钟却显示下午5点。

8. 现场勘察

现场勘察——业内称为"勘景"，指的是主要制作团队提前勘察拍摄场地，试验拍摄方案，以期识别和解决潜在的问题，并且根据场地实际情况，对设备的技术参数进行调校。

在这个阶段，你可以提前计划演员的详细动作和位置（即走位），测试摄像机的技术参数，提前解决在后期制作中可能出现的任何问题。你还可以测试现场收音情况，以确保场地中的任何电器都不会被麦克风收音——比如冰箱、电脑、打印机、空调，以及任何会发出嗡嗡声的东西，声音再小也不行。

为什么勘景对制作阶段这么重要呢？杰里米在第九章讲过一个网络安全危机 360 度全景视频模拟模块，其中有一个场景需要 20 多名演员在一个房间里重现一场忙乱的、高水平的新闻发布会。勘景对这个场景至关紧要，因为有非常多的元素和情节需要提前考虑清楚。

测试出演员之间彼此需要间隔的距离也非常重要，这样才不会给摄像机带来麻烦。此外，我们还得想好现场工作人员的藏身之处。后来，我们把一些工作人员安置在新闻发布室后方担任摄像师。

我们还必须考虑拍摄场地的实用性。房间里的灯光怎么样？灯光是否会影响拍摄？我们需要多少道具？如何将道具运送到拍摄场地？我们需要多少工作人员来布置桌椅，好让场地看起来更真实？场地原本的装饰物品要暂放在哪里？在我们进入制作阶段之前，这些问题以及许多其他的问题都必须解决。

在制作 360 度全景视频之前，上述所有要素都是非常重要
的，需要提前考虑。在前期制作阶段就做好准备，可以省下很
多麻烦，甚至可能节省更多预算。

总结

对于 360 度全景视频新手制作人，以下是我们
总结的一些窍门：

- 保持简单；
- 场景不要太多；
- 保持单一视角；
- 尽量在一个场景使用不超过两名演员；
- 使用简短的台词；
- 尽量减少演员的动作 / 走位；
- 使用你熟悉的拍摄场地；
- 勘景时，进行大量的收音和视觉测试；
- 安排充足的排练；
- 计划，计划，再计划！

◉ 制作

至此，你已经做好了准备工作，你的团队已蓄势待发，

准备开始拍摄 360 度全景视频了。那就开始吧！这是一条不归路，但如果你已经在前期制作阶段做了大量准备工作，并且已经得到所有利益干系方的认可，那就没有什么可害怕的。

1. 工作人员

要制作 360 度全景视频，至少需要四种角色的工作人员，包括：

● 导演：制作阶段的总舵手，他们为会项目做出关键决策，明确创意愿景，并在制作阶段时刻盯着摄像机屏幕。

● 摄影指导：简称 DOP，操作摄像机，确保摄像机在正确的设置下正常运转，并监管拍摄工作中的技术问题。在一些高阶的制作中，他们也负责调校灯光、创造视觉美感，从而配合制造出导演想要的场景氛围。

● 录音师：负责确保所有声音都被清晰捕获，并确保麦克风不受杂音干扰。

● 制作助理：为所有剧组成员提供支持，确保其他成员拿到所需的东西，促进成员间的沟通，调配演员、嘉宾和其他利益干系方人员。总之，他们的工作就是确保一切顺利进行。

上述工作人员我们通常称为"骨干团队"，这是制作高质量专业 360 度全景视频所需的最少人数。

在大型制作中，你可能还要招募更多工作人员，包括：

● 第一副导演：如果总舵手是首席执行官，那么第一副导演就是总舵手的首席运营官（COO），是总舵手手下的高级船员，负责作重要决策，保证拍摄工作按时、按预算进行。第一副导演管理项目运营情况，负责作采购决策，安排后勤工作。所有工作人员都直接向第一副导演汇报，除了摄影指导和导演（他们须通力合作，实现商定好的创意）。

● 第二副导演：在较大型的制作中，第二副导演承担第一副导演的部分职责，比如制作工作日程表（为工作人员和演员提供工作排期信息，如各人员应到片场的时间、片场地址等）、与演员联络等。

● 第三副导演：在更为大型的制作中，团队会与许多专业演员和临时演员合作，这时就要有第三副导演，负责与演员联络、管理制作助理团队。

● 剧本监制：在片场坐在导演旁边，确保演员按剧本内容完成表演。这项工作在场景冗长、剧情复杂的 360 度全景视频制作中尤为重要。

● 摄像助理：协助摄影指导完成工作。

● 数字影像技师：负责整理和备份拍摄过程中产生的大量数据，并确认数据在拍摄中没有损坏或丢失。

● 特效总监：负责审批团队在片场做出的创意决策，确保拍摄出的镜头能用于后期制作。

● 美术指导：负责为 360 度全景视频制作项目创造特地的美学氛围。例如，剧情主题是不同文化人士的商务谈判，并且发生在国外，美术指导须确保场景中的一切看上去都是真实的，包括场地布置、道具、视觉风格等。

● 音响助理：协助录音师完成工作。

● 灯光师：有时也称"首席照明师"，在需大型、复杂照明装置的片场担任首席电工。

● 器械工：负责设置和操作设备的人，如摄像轨道、移动式摄影车或摄影升降机，这些都是用来移动大型摄像机的设备。器械工还可以装配非电力照明装置，如三脚架、立架或天花板吊架，用以悬挂灯具。

● 化妆师：给演员、演讲者、嘉宾化适合上镜的妆。

● 发型师：给演员、演讲者、嘉宾的头发做造型。

2. 导演：不要引发"错失恐惧症"

360度全景视频的导演工作和其他形式的影片有着巨大的差异。有一个关键点要记住，当你为VR设备制作内容时，摄像机就相当于用户的头部。因此，每当你要在场景中放置任何东西时，注意要从摄像机的视角来判断是否恰当。

如果要在一个场景中表现多个事件，尽量不要让它们同时发生。否则，用户可能会产生"错失恐惧症"。要尽量避免引发用户这种感觉，除非你的意图就是如此。用户可能会应接不暇，为了尽数观看周围发生的一切而转头太猛，从而导致颈部扭伤。

向成千上万用户演示过360度全景视频之后，我能够相当自信地说，人们会对自己错过了重要情节感到不乐意。你要做的是仔细挑选影片的"兴趣点"。我的忠告是站在摄像机旁边，想象用户在特定地点和情境下会有什么自然反应。尽可能让情节自然、直观。在传统电影制作中，如果要捕获特写镜头，要么放大镜头，要么把摄像头往演员面前推。而在360度全景视频制作中，你可以通过演员动作的编排来实现特写镜头——换句话说，通过让演员靠近或远离镜头，可以引发观众的亲近感和紧张感。

想想你要制作的场景应该给观众带来什么样的感受，然后使用能反映这种感受的对话来创造出场景的节奏。如果想要营造一个场景的紧张感或尴尬感，可以考虑使用大量若有所思的停顿或不舒服的眼神。如果你想让场景充满活力和刺激，可以加快节奏，在场景中使用更多动作。

另外需要重点考虑的是，观众的目光如何在场景之间转换。具体地说，你需要确保在转场时，用户正看着正确的方向，只有这样，在完成转场后，新场景的焦点和用户的目光方向才能重合。

这个关于360度全景视频的导演理论来自杰西卡·布里尔哈特（Jessica Brillhart），她是谷歌公司的首席VR电影制作人。她将360度全景影片制作中场景转换的过程称为"两个世界之间的跳跃"。你需要确保，当跳入新世界时，用户不会因此感到迷糊，他们应该面对着下一场戏的正确方向。图10-1为杰西卡·布里尔哈特关于360度全景视频场景转换理论的图示，显示用户在A场景结束时的视场角应与B场景的起点位置相重合。

举个例子。前一个场景是在办公室里，场景结束后，演员从右边的门离开房间。当进入下一个场景时，可以让演员站在右边的咖啡机旁，因为用户的目光很可能就是朝着右边的。

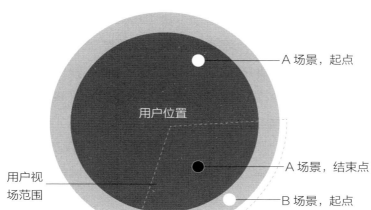

图 10-1　杰西卡·布里尔哈特关于 360 度全景视频场景转换理论的图示

 专业小窍门

　　我建议尽可能拍摄出简单的、完整的单一场景。哪怕只是简单的一句念错的台词，千万不要以为后期制作阶段可以轻松修复。如果你试图从场景中剪掉一个别扭的留白片段，用户在设备中看到的会是一个令人迷惑的跳屏，就好像画面快进了一下。这种体验是不和谐的，除非你有意选择了这样的风格，否则无论如何都要避免。即使你选择了这样的风格，也要仔细对风格进行审视。

3. 现场工作人员的藏身处

这个问题非常重要，完全取决于拍摄场地的情况。如果可能，最好让他们离开房间或藏起来。他们甚至可以直接待在拍摄场景中显眼的地方，成为临时演员——就在背景里，什么也不说，什么也不做，只需要确保他们看上去自然不造作，并且在录制时不要看着镜头就可以了。

导演和摄影指导必须待在摄像机附近，随时观看现场进度。如果你们使用的摄像机支持 Wi-Fi，摄影指导可以在远离拍摄的区域使用平板电脑或其他设备观看拍摄现场。如果要这样做，务必确保 Wi-Fi 连接顺畅，好让摄影指导能清楚地观看现场情况，因为他需要在画面上寻找可能影响当前"镜次"的技术问题。

一个镜次（take）始于录制键被按下时（通常也伴随着众所周知的一声令下"开拍"），结束于停止录制时（通常导演会喊"卡"）。

在一些较大型或者后期预算较足的制作中，你可以让工作人员站在特定的区域，后期制作阶段再使用视觉特效移除即可。图 10-2 中上面的图片为我和一些工作人员在 360 度拍摄场地的一个区域导演着一场戏，下面的图片中我和工作人员在后期制作阶段被神奇地"合成"抹除了（在后期制作部分会细说）。

图 10-2　我和一些工作人员在 360 度拍摄场地的拍摄场景

　　如果条件不允许，我建议让导演坐在摄像机三脚架下方，或者尽可能靠近摄像机，因为在后期制作中，至少需要对摄像机下方的三脚架区域进行数字移除。

4. 摄像机注意事项

360度摄像机技术的发展日新月异。每隔半年，捕获和处理360度全景视频的方式似乎都能出现突破性的发展。因此，要仔细调研你将使用的摄像机，确保它适合你要制作的项目。

双视场还是单视场？

首先，要确定你想拍双视场的还是单视场的影片。我不打算对此进行细节上的描述，就不卖关子了：对任何新手以及视频制作领域的非专业人士来说，答案是单视场。别问为什么，选单视场就对了。

"但是，鲁尔，双视场和单视场是什么意思啊？"很简单，双视场意味着影片从两个不同的视角拍摄，模仿人的左眼和右眼，制造出景深的错觉。它会让观众误以为眼前的东西是3D的，而实际上这只是大脑制造出来的错觉。

单视场是指向左眼和右眼传递完全相同的图像。一些观看单视场360度全景视频的用户会以为那是3D视频，纯粹是因为大脑完全沉浸在无所不包的新世界中，它习惯性地解读出了画面的深度。

如果使用双视场，你会遇上大量技术挑战。因此，除非你接受过高阶培训或者雇用了专业人员，否则我建议你放弃双视场拍摄的念头。

分辨率

下一件需要注意的事，就是摄像机的分辨率。虽然我们已经习惯了智能手机和电视的4K画质标准，但对于360度全景视频，你绝对不会愿意使用 4K 拍摄。因为传统的 4K 图像是由成千上万的像素压缩成一个 16 ：9 的矩形，创造出极其清晰的图像。而若是 4K 画质的 360 度全景视频，同样的像素被拉伸到一个完整的球形框架内壁上，展示在用户面前的图像就只有这些像素的 1/4，因此看起来既失真又粗糙，类似家用录像带的画质。

现在，市场上许多消费级 360 度摄像机的分辨率最低是 5.2K，最高可达 8K。尽管这些摄像机的画质赶不上智能手机和电视，但它们能为你的 360 度全景视频提供颇高的清晰度。

在专业制作中，我建议使用的最低分辨率是 8K，视项目具体情况可使用高达 12K 甚至 16K 的分辨率。在这个范围内，分辨率越高，设备中每个方向的画质就越接近 4K。

再往下说，就很有技术含量了：像素并非生而平等。两台 8K 摄像机的规格不同，拍出来的效果可能也不同。但现在我们暂不赘述，因为还有另一个因素会影响实际拍摄的分辨率。

摄像机的镜头数量

360 度摄像机至少有两个镜头，一个拍正面，一个拍背面。镜头越多，拍摄时能达到的分辨率就越高。不过，镜片多，也就意味着会有更多的拼接线。

360 度全景图像是在后期制作阶段产生的，由来自不同镜头的图像拼接而成，就像我们用布块缝缀的被罩一样。在镜头拍不到的位置，拼接之后就会出现拼接线。因此在拍摄时，需要非常注意这些位置。如果有演员离摄像机太近，又靠近拼接线的位置，就很有可能在后期制作时被拼接线切割。

如果有演员在两个镜头前来回移动，你可能会看到重影。这是视差造成的。要理解视差，最简单的就是用你的食指。现在就试试吧：向前尽可能远地伸出你的手臂，闭上左眼，用右眼盯着食指。现在睁开左眼，闭上右眼，左眼盯着食指。重复这个过程。你的食指看起来粗略在同一个位置，对吗？

现在，把你的手指往回移动到距离面部1英寸（1英寸=2.54厘米）的位置，然后继续重复左右眼的步骤。再看，你的手指看上去已经完全不一样了，对吗？这就是视差造成的，左眼和右眼观看它的角度发生了变化。

因此，在策划360度全景视频时必须特别留心。对于新手来说，最理想的当然是演员们都不要穿过任何拼接线。但若实在无法避免，那就让这部分画面尽量远离镜头，这样就能减少视差效果，从而减少重影和其他视觉异常效果。

如果拍摄场地非常小，你可能需要考虑使用镜头较少的摄像机来尽量减少潜在问题。请记住，镜头少，画质也会降低——选择合适的摄像机始终是个权衡取舍的过程。

5. 光照

大多数360度摄像机在光线较暗的情况下拍摄效果不佳。因此，拍摄时，要确保场地光线充足。室外光线或自然光是最好的，但如果是在室内拍摄，最好不要混合太多室外光和室内光，因为这样有可能会扰乱画面的色彩平衡。室内光偏橙色，而室外光偏蓝色，如果两者被混合拍摄下来，画面真正的色彩就容易被干扰。

如果拍摄场地有窗户，最好安排大部分情节演出在没有窗户的一侧进行。这里涉及一个"动态曝光范围"的概念：当摄像机面对两种不同的照明条件，它只能按其中一种条件进行"曝光"。

如果我的拍摄场地是室内，但又希望用户注意窗外发生的事情，我会调整窗户位置的曝光，将室内光线调阴暗，让室外看起来清晰自然。相反，如果我希望用户专注于室内的情节（这是大多数情况），那么室内曝光就会使室内更亮，窗户的曝光情况就会加剧。这意味着用户将看不到窗外的任何细节，因为实在太亮了。

6. 合成

如果预算充足，能涵盖视效专家的后期制作费用，那么你可以在后期制作对拍摄素材进行合成工作。这道工序在光线条件不好的情况下尤其有用。所谓合成，就是在不同的状态下多次拍摄一个场景，然后将拍摄素材组合起来。例如，你可以在一个曝光条件下拍摄主要的情节，拍完之后，将曝光调暗后再次拍摄现场环境，这样，视效师就可以在后期制作中合成（或"重叠"）两个视频素材，制作出一个光线平衡的完美画面。

合成技术的另外一大好处是隐藏工作人员。我前面提过，可以让工作人员待在摄像机后面的特定区域，再在后期制作阶段抹除他们。跟光照的情况一样，你可以在清场的情况下拍摄工作人员所待的位置。本质上，就是拍一个正常的表演画面和一个无人的画面，然后，视效师将两个画面合在一起，将工作人员从场景中抹去。

同样的原理也适用于那些难以全面控制的拍摄环境，比如公园或其他公共场所，用以移除道具和不需要的动作。

合成技术最基本的用例是补地，即移除摄像机下方的三脚架。比如，如果剧情发生在办公室里，你甚至可以用一把椅子的画面顶替掉三脚架。

7. 声音

声音是 360 度全景视频制作中一个非常重要的方面。众所周知，在电影制作中，如果声音很棒，观众有可能会对视频的低质量网开一面。但反过来就不行了。

要让 360 度全景视频提供可信的、令人身临其境的体验，良好的收音是至关紧要的。如果你正在制作的作品包含很多对话，这一点尤为重要。

在拍摄时，麦克风要尽可能靠近说话的人，但不要被摄像机拍到。我们通常偏爱使用无线领夹式麦克风，这种麦克风可以装在演员身上，又能进行高质量的录音。录音会通过无线电传输到录音师监控下的接收器上。

在专业的制作中，你甚至可以使用专门的音频格式，让用户获得与真实世界相同的立体音频体验。基本上，你从所有方向收音，如同 360 度摄像机对所有方向拍摄一样，你也记录了声音的方向数据。比如，演员坐在你的左侧，他的声音就来自左侧。如果他站起来走到你的右侧，那他的声音也会移到右侧。如果演员在你的前面，而你转过头部往后看，那他的声音将来自你的后方。这种定位音频切实增强了 360 度全景视频的体验，让用户的大脑完全相信所见即真实。

对导演来说，空间音频是一种非常强大的工具，因为你可以纯粹用声音来吸引观众的注意力。想象一下，你的身后突然一声巨响！你肯定会迅速转身查看背后发生了什么。这种声音提示是引导观众注意力的有效方法。

不过，在你考虑使用这种风格的音频之前，要确保项目使用的 VR 设备和设备上运行视频的软件可以处理这种格式的音频。这是一种新型的媒体，还没有标准化的格式，因此未必能与所有设备和视频播放器兼容。

 总结

对于 360 度全景视频制作的新手，请在制作阶段使用以下指南：

- 安排至少三名工作人员在现场照看拍摄的关键区域——如果有录音的需要，那就需要四名工作人员。有工作人员在现场特别留意，你就不大可能漏下任何可能干扰拍摄的问题。

● 保持摄像机不动。记住，摄像机就是用户的头部，好好对它。

● 同一时间不要有太多情节，尽量把焦点放在一件事上。

● 把演员安排在自然的位置，不要让他们走来走去。

● 尽可能将现场工作人员藏起来。

● 选择镜头数量较少的摄像机，以减少视频拼接线，但分辨率至少为 5.2K。

● 不要让演员靠近镜头之间的拼接线。如果他们需要走动，确保他们离摄像机至少 1~2 米远。

● 使用单视场拍摄影片，除非团队中有视频制作领域的资深专业人士。

● 在光线充足的场地拍摄，尽量保持场地光线均匀。

● 如果拍摄场地有窗户，确保演员的走位远离窗户。

● 如果你的项目规模较大、拍摄较专业，可考虑使用合成技术和空间音频技术。

👁 后期制作

恭喜！你完成了拍摄，而且由于准备充足并遵循了目前我们所概述的建议，一切进展得相当顺利。现在，是时候将所有片段整合起来，在后期制作阶段对视频进行最后的润色，并将项目发布上线了。

1. 数据管理

最重要的先说：有序整理。要将所有文件整理到结构化文件夹中，方便后期快速轻松地找到和识别它们。拍摄的场景数量、参与拍摄的演员数量和摄像机的镜头数都会影响你要处理的文件数量，因此，系统地给文件命名并以后期制作人员能理解的方式整理这些文件是非常重要的。

由于要捕获的数据量大，360度全景视频往往要比普通视频文件大得多，因此要确保充足的时间来整理和备份所有的文件。

在专业的制作项目中，我们流传着这样一句话：如果没有备份到三个不同地方，那就是没备份。我不会用我从别人那里听到的恐怖故事来吓唬你，比如有些超大规模、大预算的制作项目就因为有人没有好好地备份文件而最终丢失了所有文件。为了你自己好，买几个移动硬盘吧，以后你会感谢我的。

2. 拼接

我们在前面讲过，鉴于360度摄像机捕获场景的方式，我们需要像用布块缝缀被罩一样，将镜头拼接到一起。

大多数360度摄像机都配有很好的自动拼接软件。

拼接的过程很简单，大致就是在拼接软件中打开你的文件，接着让它自动完成拼接。

如果场景中有大量的角色动作，需要进行专业拼接，那可能就需要使用专业软件，这种软件允许用户以像素级的精度手动调整拼接线。

专业小窍门

许多360度全景视频领域的专业人士会使用专业软件进行手动拼接，比如 Mistika VR 和 PTGui。

拼接完成后，你会得到一个完整的360度全景视频。现在，可以开始进一步地后期制作剪辑了。

3. 绘图、合成与影像描摹

生成了一个360度全景视频文件之后，视效师可以在环境背景上做一些绘图工作，删除需要删除的东西，比如现场墙上时钟被拆下后留下的钉子或其他不需要的道具。如果没有不需要移除的东西，至少要抹除摄像机三脚架，换上其他图形

（通常是你公司的 Logo）或其他物体的图片（比如一把椅子），只是在原地绘画填补。

前面提到过的合成工作，就是视效师将不同的视频素材组合起来，制作成一个精美的视频。

如果场景非常复杂，而且演员在场景中需要绘画或在合成的区域中移动，那就需要视效师来处理影响描摹的工作。他们会对视频逐帧编辑，围绕移动的对象进行剪切，好让画面效果在场景中保持一致。

4. 剪辑

生成所有场景的 360 度全景视频之后，就可以像剪辑传统视频那样处理它们。将场景连接起来，修剪到你想要的长度，添加任何图形、标题字幕卡片或演职员表。

5. 混音

一旦画面锁定（即视频剪辑部分已经搞定，一切顺利），就可以处理混音了。所谓混音，其实就是音频剪辑的花哨说法。

你需要先将演员麦克风的音频与摄像机内置麦克风的音频进行同步。接着，你要将摄像机麦克风的声音调成静音，并调整不同麦克风的音量，确保影片声音平衡，以免其中有些声音过于突兀。

专业的混音处理包括去除不必要的噪声，如风声、静电声或衣服皱褶声。你有可以添加音乐、配音或音效来增强项目的电影感。

如果你录制了空间音频，那就需要使用采集好的现场数据，将各条音频放置到恰当的时间点和空间点中。

完成整个后期制作过程之后，你就会得到一个 360 度全景视频文件，把它加载到 VR 设备上，就可以试看了。

瞧瞧！我的朋友，你已正式成为一名 360 度全景电影制片人！

 总结

- 有序整理好文件，并至少在两处进行备份。
- 使用摄像机的自动拼接软件生成基本版 360 度全景视频文件。
- 将所有场景连接起来，确保没有删掉场景中的任何东西。
- 将摄像机的音频替换为演员麦克风收到的音频，并调整音量，确保用户能听到均衡、清晰的声音。

◉ 其他 360 度全景视频相关概念

180 度 VR 视频

2017 年，180 度全景视频内容人气飙升。这种视频是由摄像机捕获180度的内容后制成的。Youtube和脸书都支持用户上传这种格式的媒体文件，制造商也开始生产能够拍摄180度全景3D视频的摄像机。

180度全景视频的制作流程与传统电影制作类似，它只拍摄全场景的一半，不需要考虑我们前面概述的360度全景视频制作中那些令人头痛的问题，包括隐藏工作人员、考虑拍摄场地的光线问题，以及需要大量的绘图和合成加工。

180度全景视频天生就是双视场的，因为它就是用两台摄像机并排拍摄前面的场景，模拟用户的左眼和右眼。也就是说，你需要按双视场视频制作的流程来考虑一切，我之前说过，这需要很强的技术性，应寻求专业人士加入。

话虽如此，消费级180度摄像机已经能够支持"拿起就拍"的设置，可以轻松输出180度全景视频。本质上，它就是录制一个可在VR设备中播放的传统3D视频。事实上，180度全景视频最大的一个优势是像素密度的提高，在VR设备中观看起来比360度全景视频更清晰、画质更好。这是因为，尽管两种格式视频在拍摄时使用了一样的分辨率，但在后期制作360度全景视频时，它要拉伸成一个完整的球形框，而180度只需拉伸成半个球形。180度全景视频主要的劣势是它只有一半的环境被拍摄到了，用户一转身就会看到黑屏，也就不那么容易投入。

在过去几年中，对这种格式视频的支持越来越少，要求制作这种视频的客户和专业人士也越来越少了。

互动式 360 度全景视频

那些反对在 VR 头戴式设备中使用 360 度全景视频的声音最大的理由是，360 度全景视频不如其他 VR 内容那样具有交互性。其实，你可以在 360 度全景视频中融入互动元素。

杰里米和我一起制作的网络安全危机模拟模块就是一种特殊的交互式 360 度全景视频，这种类型被称为"多线叙事"，用户在剧情中所做的决策会影响剧情的走向。

制作这种项目的方式和制作常规 360 度全景视频完全一样，只不过，我们必须为每一条不同的"支线"创造不同的场景。这样，每次用户做决策时，我们都能为用户的选择提供对应的 360 度场景。

你甚至可以使一个互动式 360 度体验模块在用户看来不那么具备互动性。这一点可以通过在场景中放置不可见的热点来实现，这样，用户除了 360 度全景视频元素以外不会看到其他任何东西，但在场景后端，内容会随用户观看画面的部位而变化。这种做法在意图培养用户风险意识的场景中尤为有效。在这种场景中，你会希望通过用户与场景的自然接触来触发某些剧情。比如，在一个办公室场景中，如果用户没有及时发现身后的垃圾桶冒出烟雾，那下一个场景就是垃圾桶着火，引起恐慌。而如果他们及时看到烟雾，那下一个场景可能就是这个角色拉响火警警报，或者找到了办公室消防栓的位置。

众所周知，你要拍摄的场景越多，项目的制作成本就越大，工期就越长。特别是这种多线叙事型的项目，每多一个决策点都会增加项目的复杂性，因此在规划的时候务必牢记这一点。

交互式元素可以在 Unity 引擎和 Unreal 引擎等游戏引擎中由零开始通过编程创建出来。你也可以使用现成的解决方案，比如 WondaVR 或 Liquid Cinema 以及许多支持在 Web 用户界面上添加交互性元素的解决方案，这些方案就不需要编程技能。

360 度全景视频的未来

随着 360 度全景视频技术的进步，我们将看到 VR 电影和游戏技术进一步融合。目前，360 度全景视频和计算机生成内容是对立的两极。随着技术的进步，360 度全景视频内容会变得更便宜、更易得，360 度全景视频制作也会发展出更多可用的功能。到时候，360 度全景视频项目就可以更具互动性，用户也可以更自如地探索。

在我写这篇文章时，我们见证了"Roomscale 360"（房间级 360 度）技术的诞生，它通过中间软件作用于现有的 360 度全景视频，让用户感觉自己可以在场景中走动。

一些 360 度摄像机可以捕获场景中的深度数据，输出所谓的深度图或网格图。你可以用它来制作环境的 3D 模型，并在游戏引擎软件中进一步调用它。

未来，我们一定可以利用类似体三维视频那样强大而先进的技术来拍摄 360 度全景视频，这一切只是时间问题。到时，我们可以用几十台摄像机从多个角度拍摄一个物体或人物，创建出一个 3D 模型，然后在游戏引擎软件中使用它。本质上，这就是电影制作和游戏开发技术的融合。

体三维视频是从外部往里拍，而 360 度全景视频是由内部往外拍。因此，假如我们能够使用像 360 度全景视频那样简单的单摄像头设置来实现体三维视频那样的视频效果并获得同样的数据，对 VR 创作者来说，这绝对是一个极其强大的制作工具。

◉ 结语

希望本指南能给你一些信心和指导，让你行动起来，开始创建强大的沉浸式 360 度项目，从而加强或改造你的业务。迈出 VR 制作的第一步，就有了一个考验自己的好机会，你就可以发掘这门技术的基本原理，更有效地与创意合作伙伴或专家合作，从而制作出高质量的 360 度全景视频内容。

当下正是在商业领域探索 VR 技术最佳实践的好时候，在组织中部署 VR 的机会是无穷无尽的。若能看到有更多人遵循本书的专业指导创作出了优秀的用例，我会由衷地为之激动。

第十一章

CHAPTER 11

关于 XR 的
常见误解和批评

倘若你持续为你的业务引入 XR 技术，你可能会遇到人们对这门技术的误解。本章将列举一些常见的误解，并尝试说明如何利用前面章节的信息、讨论和案例研究来反驳这些误解。

"XR 只是用来娱乐的"

这是对 XR 技术最有害的一种误解，也是各地的组织机构错失部署 XR 机会的最大原因。之所以会出现这样的误解，原因很简单：我们通常只会从面向消费者的组织那里听说 XR 应用程序的消息，而这些组织会花大价钱来推广和营销他们的产品。当《宝可梦 GO》（AR 游戏）和《节奏光剑》（*Beat Saber*，VR 游戏）之类的游戏流行起来时，它们就会上新闻，出现在电视节目和电影中，并引发热议。

另外，XR 技术在商业方面的用例通常没有得到广泛宣传。企业会在内部使用 XR 技术，以期实现商业目标，对外顶多就是出现在小型的商业类出版物上。毕竟，提高仓库的运营效率只会让企业为之欣喜，但这种新闻不大可能火到能上脱口秀节目宣传。XR 游戏就不一样了，"惊奇队长"的扮演者布里·拉森（Brie Larson）就曾在《吉米今夜秀》（*The Tonight Show With Jimmy Fallon*）节目上挑战 VR 游戏《节奏光剑》。

两种力量共同作用，将 XR 技术面向消费者的用途推到聚光灯下，而将其商业用途隐藏在幕后。

在前面的章节中，我详细探讨了 XR 在各行各业的多种应用，在此不再赘述。XR 显然不仅仅是游戏和娱乐，但它的发展很大程度上要归功于游戏。游戏玩家对游戏的参与感和沉浸感的不断追求，将 XR 技术推上这种媒体形式的巅峰。其实，参与感和沉浸感也是许多商业领域应用的组成部分，比如学习和发展、商务运营、销售与营销等。

游戏和商业是两个日渐交织的世界。我们将在第十二章进一步讨论它们的交集。

◉ "VR 会让人眩晕"

事实要比这个说法复杂得多。与人类对技术创新感到不适的历史相比，这件事既不意外，也不新鲜。

晕动症的历史

人类遭受各种形式的晕动症并不是什么新鲜事：2000 多年前，古希腊医师希波克拉底（Hippocrates）首次描述了这种症状。当时他写道："人们在海上航行的情况证明，运动会扰乱身体。"英语中表示"恶心"的单词"nausea"来源于希腊语中的"naus"（意为"船"），这便是航海对人类生理巨大影响的明证。

哪怕是在今天，从海洋到苍穹，从陆地到太空，无一不是如此。世界上有数百万人在乘坐邮轮时会晕船，在跨国飞行时会晕机，在乘车旅行时会晕车。宇航员在太空飞行时也会"晕太空"。

有一些理论表明，晕动症并不是人类演化中的缺陷，反而是一种功能，能够让我们的祖先人猿知道摇摆的树木或树枝并非安全的栖身之处。如今这已经不是我们要关心的问题，但我们在乘坐汽车、公共汽车、火车、轮船、飞机时，在看电影、玩视频游戏或者使用 VR 设备时还是会感觉不适，这在当今世界是相当不方便的。

你知道吗？

有这样一个网站，专门用来给普通电影引起观众晕动症的程度进行评级。没错，甚至传统的 2D 电影也有可能让人眩晕。

晕屏症是由什么引起的？

早在 20 世纪 70 年代，美国国家航空航天局（NASA）就对沉浸式环境引起的不适感进行过大量研究。这些研究至今仍被参考引用，因为它们对与沉浸式环境中用户不适感相关的症状、理论、因素和解决方案提供了丰富的洞见。

晕动症（由数字技术引起的类似症状也称晕屏症）的原因有多种假设，其中最广为人知的是视觉系统与前庭系统信号不匹配。简而言之，就是你的所见和所感不一致。在 VR 环境中，这种感官冲突会在你的身体静止，但周围的虚拟环境相对移动的情况下出现。

有许多人已经成为臭名昭著的 VR 过山车体验模块的受害者，我强烈要求你抵制住内心想要尝试的冲动！如果你第一次体验 VR 就是玩过山车模块，估计你再也不会玩第二次了。

一个人是否会有晕屏症以及晕屏症会有多严重，影响因素通常是众多且复杂的。可能的影响因素有：

● 个人因素：年龄、性别、种族、睡眠习惯、对类似技术的接触经历、对类似技术的负面接触经历、偏头痛症易感程度、最后一次进食时间——甚至性格也可能有影响！

● 硬件：显示屏类型（头戴式设备、投影系统或大屏）、系统的舒适度、校准度（未正确佩戴头戴式设备或者未正确设置瞳距，会加剧用户的不适感）、硬件的效能（低效能的 VR 设备可能会出现微小但可感知的延迟——在用户移动头部时，数字环境视图跟不上，这可能会引起恶心感）。

● 软件：体验持续时长、体验内容的方向——不稳定的、晃来晃去的摄像头或仅仅是摄像机视角偏离了用户视野，都会引起晕屏症。关键是让用户在虚拟世界中拥有自行控制导航的能力。

● 环境：炎热、潮湿或嘈杂等令人不适的环境条件也会加重晕屏症的反应。

你知道吗？

甚至用户的月经期也可能影响她们对晕屏症的易感性。

AR 用户不会遭遇晕屏症

AR 不会引起同样的不良反应，因为 AR 不会出现视觉系统与前庭系统信号不匹配的情况——佩戴 AR 设备的用户是在真实环境几乎不受遮挡的情况下走动，因此视觉系统与前庭系统接收到的信号是一致的。在 AR 环境中移动的数字对象不太可能让用户感觉到位移，除非应用程序使用过于跳脱的 AR 广告、弹出窗口或其他弹出的信息占据了用户的视野。

AR 也有一种信息层叠纷繁但相比上述实况广告偏静态的形态，松田启一（Keiichi Matsuda）创作的概念电影《超现实》（*Hyper-Reality*）使这种 AR 形态名声大振。他创作这部电影的目的是"探索这种刺激又危险的 AR 轨迹"。它不会让用户感到眩晕——至少生理上不会有什么反应。但在心理上，许多人对这种充满未来感的景观感到强烈震撼！

多少人会受晕屏症的影响？

这个问题很难回答，它取决于上述许多因素。而且，晕屏症的强度有高有低，把受晕屏症影响的标准设得高一点或低一点，答案都会有很大的不同。

如果非要得出答案，可以研究人们对晕动症的易感程度（晕动症与晕屏症紧密相关）。根据美国国家医学图书馆（US National Library of Medicine）的数据，大约 1/3 的人对晕动症高度易感，但是如果受到足够强的刺激，几乎人人都会受晕动症影响。

剑桥大学的人机互动实验室（Cyber-Human Lab）会定期进行涉及 VR 技术和其他技术的实验。他们曾进行一项 700 多人参与的研究，参与者均无严重的晕动症。皇家莎士比亚剧团（The Royal Shakespeare Company）对他们进行一项研究，让他们在 VR 环境中坐着观看三小时的戏剧表演，没有人出现眩晕。学术界和行业有许多类似的研究结论表明，只要 VR 模块得到正确而恰当的实施，晕屏症的问题实际上比传言所指要小得多。

你能做些什么？

有些人会在 VR 中感到眩晕，有些人自己没有感觉，但他们朋友之中有人会眩晕，这很常见。但你要知道，这并不纯粹是 VR 技术的问题。仅因一部分用户感到不适就呼吁抵制 VR 技术，就跟呼吁抵制汽车和火车一样，其实是因噎废食。

本小节的信息可能有些令人失措，但好消息是，这些因素大部分在你的控制范围之内。你显然无法改变用户的个人体质，但你可以控制硬件的选型。你还可以控制你所规划和开发的软件，甚至项目所部署的环境。绝大多数用户在技术完善的 VR 应用程序和规划良好的 VR 环境中都感觉舒适。随着你在实践、研究和协作中不断发现和实施最佳的方案，这些问题都会有所改进。

总结

- 使用新技术后感觉不适不是什么新鲜事，这也不是 VR 技术特有的。

- 有些用户在体验 VR 内容时会感觉不适，尤其是晕动症易感用户。

- 用户的不适程度取决于所用的硬件、软件以及与个人体质相关的许多因素。

- VR 晕屏症的研究中，最为人所知的一个理论是用户所见与所感的冲突。

- AR 技术不会引起晕屏症，因为用户的所见即是真实环境，不存在所见与所感的冲突。

- 晕屏症的确切影响范围很难衡量，很多研究都发现用户没有出现眩晕的症状，因此晕屏症很可能只是有名无实。

👁 "VR 技术是使人际隔绝的技术"

VR 技术很容易成为这个论点的靶子。在很多人眼里，用户穿戴上 VR 设备，呆呆地站着，挥舞着奇形怪状的控制器，又时不时伸手去抓不存在的东西——他们仿佛立即与周围的真实世界隔绝了联系。AR 技术则不会受到这种指责，因为 AR 用户仍牢牢地身处真实世界，仍能与周围的人们互动。

这种刻板印象忽略了一个事实——VR 技术实现了许多与人际隔离背道而驰的应用，它将人们聚集在一起。我们在第四章讨论协作时已经表明，VR 技术使世界各地的员工得以进入相同的数字环境一起工作。

既然如此，为何有些人仍认为 VR 会使人际隔绝呢？有的是因为缺乏对这门技术的理解，有的则是因为 VR 设备的使用礼仪规范尚未完善。当 VR 用户和非 VR 用户共处一室时，双方都倍感尴尬：VR 用户可能会因他人旁观而感到不适和敏感；而旁观者可能会觉得有必要保持安静，免得打扰身处 VR 环境的人，但同时又感到有必要与 VR 用户保持交谈，以免出现尴尬的沉默场面。

历史上被视作反社会的技术层出不穷。书籍、报纸、电脑和手机都曾被认为会阻碍人际互动，但实际上它们都积极地促进了全世界更大范围的人际互动。

社会对 VR 会越来越熟悉，VR 技术的用户体验会日渐发展，我们也会对围绕这些问题的不成文社会规则逐渐形成共识，关于 VR 的这些情况在人们眼里也会变得更加常见和舒适。

◉ "VR 会取代现实世界体验"

社会上有许多人担心 VR 会取代现实世界体验。有人担心"休闲"会变成"虚闲",这种转变会对旅游业、酒店业、航空业等行业产生影响。

首先,尽管 VR 技术发展得有声有色,但 VR 并不能完全模拟真实环境。虽然它可以连接我们的听觉和视觉,但它无法以简单、准确和便携的方式连接我们的触觉、味觉或嗅觉。没错,市场上确实有一些设备可以通过振动反馈与我们的其他感官进行良好的交流,但大多数设备都不成熟,不能真正投入使用。

其次,VR 并不是要完全取代现实世界的体验,而是这些体验的补充。在某些方面,VR 甚至能促使人们更加享受在现实世界中的体验。英国老牌旅行服务商托马斯·库克(Thomas Cook)在业期间曾采用 VR 技术,在这种技术的加持下,纽约市的直升机旅游营业额提高了 28%,皇家加勒比邮轮公司的邮轮营业额提高了 45%。他们采用的 VR 模块为潜在客户提供了真正直升机或邮轮的模拟体验。一旦被这种"很真实又不完全真实"的体验给撩拨起了兴致,对用户来说,线下的真实体验就会变得特别诱人。

澳大利亚中部的乌鲁鲁岩是一块由砂岩构成的巨大单体

岩石，基围周长达 9.4 千米。从澳大利亚大多数大城市搭乘飞机出发，都需要 2~3 小时才能到达当地的尤拉腊机场。距离最近的爱丽斯泉镇在乌鲁鲁巨石（艾尔斯岩）东北方向 335 千米处，公路距离则是 450 千米，需要 4.5 小时车程。这一路过去听起来已经够坎坷的了，何况我们还得先到澳大利亚去！

尽管后勤支持困难重重，这个联合国教科文组织认定的世界自然遗产在 2015 年接待的游客量仍达 30 万之多。那么，那些不够富足、生病卧床或者根本抽不出足够时间来此地旅行的人又能怎么办呢？通过 VR 技术，他们也有机会一睹这一自然景观的壮丽。对于这些人来说，VR 技术为他们推开了通往远方的大门——若无 VR，这些远方的体验将因他们的个人健康、财富或时间限制而无法企及。

◎ "XR 不就是头戴式耳机吗？"

当提起 VR（有时也顺带提起 AR）时，人们通常想到的是头戴式设备。其实，这两种技术都具有多种形式，而且其中有一些已经融入了我们的生活，只是我们通常不会注意到。

在第十四章我们会讲到，VR 模块可以通过头戴式设备、投影系统甚至大屏幕来访问——任何能提供足够沉浸感的系统都可以。而 AR 模块可以通过头戴式设备、投影系统或移动设备来访问——任何能给现实世界叠加数字信息的系统都可以。

此外，还有一些难以归属到任何类型的独特部署方式。

车辆和战斗机中使用的平视显示系统就是 AR 的一种形式。在体育领域，赛况数据也是直接叠加在球场的画面上，观众得以实时了解运动员和球队的表现。这种大屏幕显示形式和手机屏幕唯一的区别是，观众不能控制大屏幕。这种 AR 形式非常普及，人们对此习以为常，因此不会格外留意。

西班牙足球甲级联赛（简称西甲）与维斯公司（Vizrt）合作，将数字化球迷叠加到比赛画面中（图 11-1）。由于新冠疫情的影响，体育场通常不对球迷开放，叠加数字化球迷是一种制造正常气氛感的方式。艺电公司（EA Sports）为西甲提供了它为 FIFA（国际足联）系列视频游戏录制的音频，完善了 AR 体验。

图 11-1　西班牙足球甲级联赛为球赛赛场叠加数字化球迷

注：左图是叠加前画面，右图是叠加后画面。

图片来源：西班牙足球甲级联赛。

👁 "360 度全景视频不是 VR"

关于这个说法，我常听到两个论点，一个是说 360 度全景视频缺乏互动，一个是说它缺乏深度。虽然互动性和深度能够创造出更强大的体验，但两者都不是 VR 体验的先决条件——非要说先决条件，沉浸感才是。

此外，前面的章节说过，大部分 360 度全景视频的内容是被动型，但在 360 度全景视频中实现互动是可行的，只是互动程度与计算机生成内容不同。往最基础地说，哪怕简单如环视周围环境，也是一种互动方式，因为用户可以自己主动选择视角，而不是像传统 2D 视频那样，由创作者决定用户视角。

若 360 度全景视频缺乏深度数据，体验就只能达到三个自由度，用户可以环视四周，但不能在四周移动。三自由度是许多 VR 头戴式设备和 VR 体验模块都认可和接受的自由度，因此，用深度作为论据来指责 360 度全景视频不是 VR 并无意义。

360 度全景视频和计算机生成内容一样，只是一种可以在 VR 环境（甚至非沉浸式媒介也可）中使用的内容形式。这两种内容形式有时甚至可以结合应用于同一个体验模块。虽然 360 度全景视频在使用上有一些限制，但它仍是 VR 环境中沉浸式内容的一种有效形式。

◉ "看看普通视频不就行了吗？"

如果有人问起这个问题，那他很可能没有体验过 VR。对此最好的反驳就是直接演示有价值的、强大的 VR 内容，向他们介绍这项技术。直接演示要比引用数据更加有效，因为亲身体验才能真正展示 VR 的影响力。假如他们实在固执，不愿亲身体验，那么也可指出 VR 媒介相对于传统媒介的一些优势：

- 更加专注、不受环境的干扰；
- 第一人称视角；
- 更加投入、更具情感冲击力的体验。

市场调研公司尼尔森公司（Nielsen）和数字视频广告解决方案供应商 YuMe 公司进行过一项研究，测量了 150 名参与者在三个系统（VR 设备、平板电脑和普通平面电视）上观看视频内容时的情感投入度。尼尔森的神经科学团队利用研究跟踪技术和生理参数监测技术，分析每位参与者的眼球运动、皮肤电导和心率，并且通过问卷调查了解参与者体验后的感受。在 VR 环境中观看同样的视频，比起在电视屏幕上观看有以下优势：

- 情感投入度增加 27%；
- 情感投入时间延长 34%。

用户在平板电脑上观看 360 度全景视频内容时可以手动控制导航，但在 VR 环境观看仍比其高出 17% 的情感投入度和 16% 的情感投入时间。

◉ "XR 无法大规模部署"

如果你的应用程序依赖于用户自己的移动设备，那么大规模部署 XR 解决方案就完全不是问题。但如果你需要为大量用户采购新的 XR 设备，那就非常困难了，但肯定也不是完全不可能的。

沃尔玛公司：为 150 万员工部署 VR 培训模块

沃尔玛公司是一家美国零售公司，也是世界上雇员最多的公司。沃尔玛公司于 1962 年在美国阿肯色州罗杰斯成立，在全球拥有 11000 多家门店和 220 万名员工。

沃尔玛公司近 70% 的员工（大约 150 万）来自美国，他们分布在美国 50 个州的 5000 多家门店。要为如此大规模的员工提供有效培训是一项巨大的挑战。因此，沃尔玛公司与斯特莱弗 VR 公司（STRIVR）于 2017 年合作启动了一项规模巨大的 VR 培训计划，旨在培训沃尔玛公司的美国员工更好地处理工作事务，比如操作店内的新技术设备、管理难缠的顾客、应对无差别射击的"活跃枪手"，等等。

一开始，他们将一批头戴式设备交付美国每一家沃尔玛培训中心，让经理和店长率先参加定制的 VR 培训课程。

该计划取得成功后，他们将超过 17000 个头戴式设备部署到各个沃尔玛商场，让商场员工也能参加同样的培训课程。每家沃尔玛大卖场（面积从 6400 平方米到 24200 平方米不等）配有 4 个 VR 设备，每家社区店（面积从 2600 平方米到 6000 平方米不等的小型商场）和折扣商店配有两个 VR 设备。

通常一家沃尔玛培训中心附近会有 200 家实体小门店和 10 个配送中心。这样一来，80% 的员工都在培训中心的车程范围内，也就是说，他们可以早上去培训中心，接受一天的培训，晚上再回到各自家中。这样的商店网络非常方便给大规模人群部署 VR 培训，可以不必为每名员工或每个网点都配备一套设备。

这个培训项目一共创建了超过 45 个 VR 培训模块，应用了 360 度全景视频内容和计算机生产图像，培训课程包含但不限于以下主题：

● 工作场所入职培训：介绍入职程序、店内现有设备使用指南、员工随身设备、员工级别和工作证、储物柜等工作场所设施。

● 新技术培训：介绍未来将引入店内的新实体设备，让新员工熟悉相关使用流程，以便在新设备入场后能立即投入使用。

沃尔玛使用 VR 技术向员工介绍"取货塔"。这是一种 16 英尺（1 英尺 =30.48 厘米）高的店内设备，可以留存和分发数百份在线订单给顾客。培训项目中有四个 5 分钟的 VR 模块提供了关于如何设置、维护和使用取货塔的课程。有了这个项目，取货塔的培训时间从 8 小时减少到约 15 分钟。

● 操作任务培训：包括如何给运送货物的拖车装货、卸货。

● 人力资源评估：评估员工是否具备胜任某个岗位的必要技能。这有助于将员工安排到最合适的岗位上，从而减少人员流动。

● 情景模拟培训：大型员工会议期间的公开演讲培训、应付无差别射击的"活跃枪手"培训、应付节假日大促购物高峰场景（如"黑色星期五"）。

究竟该如何教我们的雇员为节假日高峰购物季做准备，应付店里来来往往的业务和周围各种焦头烂额的事？通过沉浸式培训，我们能够真正让这些管理者做好准备。

——汤姆·沃德（Tom Ward），

沃尔玛数字运营副总裁

● 商店合规培训：培训员工确认并解决库存不足、错误入库、分装保鲜袋缺失等问题。

● 客户服务培训：教会员工一些基本的响应，比如积极、快速地对可能需要帮助的顾客提供服务。

在这些 VR 体验模块中，系统会收集员工培训表现的数据，并将数据用于为员工定制未来的培训内容。

231

沃尔玛结合最新的培训计划，实施了这一大规模的VR项目，发现：

- 培训时间减少了；

- 员工投入度更高了；

- 统计到员工满意度提高了 30%；

- 70% 的情况下，员工考核得分更高；

- 培训后知识巩固率提高 10%~15%；

- 员工工作效率提高，在接近和帮助顾客方面显得信心十足，顾客以为商场里有更多员工；

- 干净、快捷、友好（沃尔玛用来衡量用户满意度的指标）得分上升；

- 在进行前端系统使用培训后，系统的利用率提高了；

- 员工流动率持续下降；

我们可以看到，VR 培训增强了员工自信心和记忆力，同时将考核成绩提高了 10%~15%。

——安迪·特雷纳（Andy Trainor），

沃尔玛美国培训高级总监

作为世界上员工规模最大的公司，沃尔玛要为员工部署VR 培训面临着巨大的挑战。凭借巧妙的部署模式、专门的培训资源和恰如其分的外部支持，沃尔玛成功完成了这一挑战。对规模较小的组织机构来说，虽然在尝试大量部署 XR 项目时可用的资源较少，但由于复杂性较低、员工较少，项目要达成目标通常也不那么困难。

👁 "XR 非常昂贵"

XR 项目的成本从 500 美元到 50 万美元不等，甚至不止 50 万美元，这取决于项目的目标和适用范围。如果项目有大量用户，并且需要专门定制软件，XR 解决方案的成本会上升得很快，但其实这与其他技术的实施项目并无太大的区别。关键的区别在于，人们不太了解 XR 技术的优势，因此他们甚至没有太大意愿去考虑 XR 的成本，尤其是成本较高的时候。成本是一扇大门，如果提案的优势明显并且得到了清晰的阐述，成本的大门就会为之打开。换句话说，如果项目是有利可图的，那关于成本的沟通就不在话下。

只要项目各方面存在折中选择（如创建基础版本原型，请一组初始用户试用），许多组织对于技术解决方案和项目的投资就会采取"要么都给，要么都不给"的态度。不管项目的预算有多少，总是有办法创建出一个 XR 试点模块。这时，你需要考虑以下因素：

● 应用程序范围：证明方案价值至少需要什么特性？

● 内容类型：使用成本较低的内容形式能否实现项目的目标？

● 应用程序设计资产：已有什么设计资产？旧项目是否有可复用的设计资产？是否能以购买代替从头开始创建设计

资产？

● 用户部署模式：每位用户都需要单独配备硬件，还是可以共享硬件？

● 硬件部署模式：你打算租赁还是购买硬件设备？对于 VR 应用程序，你是否考虑过不同的硬件选型？你是需要六自由度的设备，还是说三自由度的设备就够了？对于 AR 应用程序，你是需要部署到头戴式设备中，还是说智能手机就可以实现项目目标？如果需要头戴式设备，它需要能绘制真实环境的地图，还是说支持基本的信息层叠加即可？

● 用户部署规模：应用程序需要一步到位推广给所有用户，还是说可以先从一组有限的用户入手？

● 团队资源：哪些事务可以在不影响项目质量的情况下外包出去？

● 软件定制级别：软件是否需要定制？或者，是否可以通过获得现成软件的许可来实现你的项目需求？是否有这样一个中间平台，能使你更容易定制你需要的解决方案？是否有供应商能提供足够接近你需求的解决方案，并且愿意为你的项目量身定制？

不要排除使用现成解决方案来进行培训或协作的可能性。市场上有许多支持按月授权的软件。例如，使用共享头戴式设备部署模式，涵盖所需硬件和软件，为数百人开展为期三个月的试点培训项目的成本可能还不到 1 万美元。

要解决关于 XR 项目成本的争议，关键是从试点项目入手，用它来构建商业案例，并关注试点项目的投资回报率。这个方法具有最强的说服力，因为它基于具体的公司问题或机会，而不是拿着背景不同的项目的相关研究报告夸夸其谈。只要预期的投资回报不受损害，就无须害怕做出上述各方面的折中选择。

3D 解决方案供应商霍布斯 3D 公司（Hobs 3D）制作了一个 VR 体验模块原型，以保护建筑行业工人的健康。这个原型足以向利益干系方展示这种解决方案的价值，它一举为霍布斯 3D 获得了 115000 美元的额外资金，以进一步拓展该项目。

👁 "XR 就是年轻人的玩意儿"

有一个老套的观点，认为老一代人花在新技术上的时间更少，对使用新技术的兴趣也更低，但研究数据表明情况并非如此。一项跨世代调查表明，大多数婴儿潮一代（64%）和 X 世代（70%）[①] 非常乐意体验 VR 技术。剑桥大学人机互动实验室后来的研究证实了这一点，他们所进行的 VR 实验和 AR 实验中均未发现年龄对用户操作的影响。

沃尔玛也发现，在使用 VR 等新技术方面，代际差异并不显著。沃尔玛将 VR 技术引入其培训项目时，并未发现因不同

---

① 美国的"婴儿潮一代"指第二次世界大战结束后，在 1946 年年初至 1964 年年底出生的一代人；"X 世代"也称"未知世代"，指在 20 世纪 60 年代中期至 70 年代末出生的一代人。——译者注

世代观点差异而产生负面反馈。不同年龄段的员工都喜欢使用VR 技术，因为它创造了一个有趣、有用而高效的培训环境。

实际上，有迹象表明，老一代人甚至比年轻一代更能积极接受 VR 技术，并更容易受其启发，而年轻一代已经在日常生活中习惯了 VR 技术，并未将其当成新鲜事物。想想当今世界技术变革之迅猛，每一代人都会遇到时代的新技术，日常接触多了，新技术也就不足为奇。我曾与斯堪的纳维亚半岛一所高中接洽，他们当时正寻求引入 VR 培训项目。据他们透露，他们的初步探索表明，学生对这项技术表现出冷漠的态度，除非它的质量能与他们平时在家玩的视频游戏比肩。考虑到大多数时兴的视频游戏制作成本高达 2000 万到 1.5 亿美元不等，你可能要管理一下用户的期望值。

在世界的另一边，有一项研究调查了中国 3000 多名跨年龄段参与者，以衡量不同世代的人们对热门新技术的兴致。调查结果显示，33% 的千禧一代受访者表示对 AR 技术感兴趣，非千禧一代则有 32% 的受访者表示感兴趣。对于 VR 技术，这一比例则分别是 48% 和 46%。总而言之，对于 VR 技术和AR 技术，千禧一代和非千禧一代的感兴趣差异不超过 2%。

"AR 技术使 VR 相形见绌"

来自多个来源的分析师数据以及公众舆论普遍认为，随着两种技术发展成熟，AR 技术的市场将远超 VR 技术的市场。

这是可以理解的，毕竟 AR 与现实环境有交互，在现实环境中有更多的应用场景和拓展的可能性。随着消费级智能手机的进步，AR 也变得越来越普及，而且 AR 用起来更加好上手，因为用户并未与现实环境隔绝。

普华永道公司的报告《眼见为实》对 VR 技术和 AR 技术的全球经济潜力分别做了预估。预计到 2030 年，AR 的市场贡献将是 VR 的两倍以上。

然而，你要知道，这些技术之间并非竞争关系。它们可能密切相关，甚至拥有一些相同的应用场景，但它们无法相互替代。VR 技术让用户沉浸在虚拟环境中，AR 技术则在现实环境中将信息告知用户。

沃达丰公司：在 VR 中体验高空作业

如果你的目标是重建一个攀爬通信塔的体验模块，好让用户无须亲自到真实场地去攀爬，那你应该了解一下 VR 技术打造这种沉浸环境的能力。有了 VR 技术，你就能搭建出一个安全的体验环境，让用户探索攀爬任务、体验相关的风险，同时使用户得以体会人员作业时的感受，以便在现实中更好地管理员工的情绪。

沃达丰公司正是这样干的。沃达丰公司与成真 VR 公司（Make Real）合作，构建了一个 VR 体验模块，用以告知电信工程师高空作业所要面临的风险，这是沃达丰公司一项旨在减少健康风险和安全事故的广泛措施的一部分。

这个体验模块的目标用户是检修工作队的团队经理，涵盖了过往在检修工作中发现的典型风险，并强调了个人防护设备的重要性。进入体验模块后，用户就被要求在前往高处之前识别并收集所需装备。收集完之后，用户需要对工作区域进行风险评估，辨识出潜在的危险源并采取必要的预防措施。完成风险评估之后，用户可以在合规的安全操作规程的指示下开始攀爬电信塔。到了塔台顶部，当用户试图调整微波天线时，他们就会听到猛烈的风声。成功完成体验后，系统会向用户告知他们的表现情况，对用户的准备工作、风险评估、操作程序和花费时长进行评分，并要求用户仔细复盘自己的表现。

这个应用程序是专为系留式 VR 头戴式设备开发的。他们将设备部署到沃达丰一些主要的地区总部，让 80% 的员工都有机会体验。为了进一步扩大部署规模，他们为无线 VR 头戴式设备开发了便携版本，员工得以登记借用后在上班时体验或带回家体验。计算机生成的内容还被制作成 360 度全景体验模块，并部署到沃达丰的培训管理系统中，所有员工都可以通过工作电脑或工作手机访问该系统进行体验。

这个模块能有效帮助用户体验电信现场工程师的工作，有助于更好地培养团队经理对手下检修人员的同理心。这个模块鼓励所有人主动遵守沃达丰的全球宗旨"安安全全工作去，平平安安回家来"（Work Safe, Home Safe），从而减少工亡事故。

沃达丰对 VR 技术的采用也成功引起了公众的兴趣。该应用程序对外发布后，安装次数超过 4000 次，并获得了大量正面反馈，其中许多评论盛赞沃达丰对职工安全和健康的关注。

👁 "VR 之年降临"

自从 2014 年脸书收购 VR 初创公司傲库路思以来，每一年全世界都在不厌其烦地预测 VR 的主流应用场景，却忘记了它并非一款新发布的手机或软件版本，而是一种供人类探索和实验的全新媒体。

1973 年 4 月，摩托罗拉公司（Motorola）研究员兼高管马丁·库珀（Martin Cooper）向公众展示了世界上第一款手持移动电话。直到 24 年后的 1997 年，移动电话才终于获得主流采用（稍后将细说这一定义）的地位。这还是在全球资本对移动电话进行大量投资之后的事。

"VR 之年"这种表述说得通吗？如果非要这么说，那我们应该能在这一年看到一些惊天动地的技术快速应用。我们可曾有过"手机之年"？你可能会想到苹果公司发布第一款

iPhone 的 2007 年——那一年，全球移动电话渗透率过半，达到 51%。第一款 iPhone 发布引发的轰动，听上去是一个不可多得的好故事。公众对此期待不已，在 iPhone 发布前几天，数千人排队准备购买。营销工作紧锣密鼓，10 个接受调查的美国人中就有 6 人知道 iPhone 即将发布。尽管市场如此热情，但那段时间恰恰是移动电话市场渗透率开始下降的时候。当时，移动电话市场的年增长率是 54.7%，在 2008 年达到拐点之后缓慢下降——从 2009 年到 2017 年的年增长率仅为 6.6%。

总而言之，当初那项重要技术——手机从诞生到进入主流市场，花了很长时间，其间有进展也有退步。没有哪一年是所谓"手机被主流采用的一年"，如今也没有理由认为 VR 技术会突然间合理地把哪一年变成"VR 之年"。相反，我们应该可以预见，就像手机一样，VR 技术融入我们的日常生活将是一个缓慢而稳定的过程。

我们也来看看，过去我们是如何使用新技术的。所有的技术都由输入系统和输出系统组成：在计算机领域，键盘和鼠标是最常见的输入系统，2D 屏幕是最常见的（视觉）输出系统。在手机上，一系列的手指点击（输入系统）在触摸屏（输出系统）上产生输出结果。智能家居助理则是接收语音输入，通过内置扬声器输出声音响应。

在 VR 中，有许多基于用户身体的自然动作可用作输入系统：用户头部和手部的运动及凝视是最常见的。从人类的角度来看，这种输入形式是最自然的，但这与数字交互的发展历史又格格不入——我们是在键盘、鼠标、触摸屏的环境中长大的，如今我们正在将语音添加到输入系统中。在输出系统方面，新旧系统的差异甚至更大。我们对显示屏并不陌生，但我们的脸和显示屏始终保持着舒适的距离（当然了，以前也有些人会把脸贴在显示屏上玩《超级马里奥》游戏）。我们得以在处理数字信息的同时，也能保持对周围世界的感知。而 VR 技术通过隔绝现实环境，打破我们习以为常的舒适。跟我们过去的数字交互历史相比，VR 技术的输入系统对我们来说仍相对陌生。

相比之下，移动电话受益于它的前身——固定电话，二者的用户体验一致——人们习惯于在按下一组按钮或旋转拨号键后将设备放到耳边。而在体验 VR 环境时，用户把屏幕绑在脸上，同时屏蔽掉真实世界，这显然是我们所习惯的旧技术难以快速适应的。

VR 技术可以被视作"最终媒介"，因为沿着这项技术的光谱，走到极致就是创造出完全模仿真实世界感官的仿真环境。但是，这一目标的实现是极其复杂的，存在着科学、技术和社会方面的障碍，消除这些障碍不可能一蹴而就。因此，尽管这不是什么"VR 之年"，但这项技术正日益加速，步向真正为主流采用的未来。

"VR 已死"

VR 的本质亘古有之

"VR 已死"的误解有一部分是因为人们认为 VR 是一种新技术。其实，作为一种概念，从人类开始讲故事起，虚拟现实就一直存在。法国西南部蒙蒂尼亚克村附近的拉斯科洞穴是联合国教科文组织认定的世界遗产，洞壁和洞顶上有 600 多幅画。这些壁画描绘了许多动物、人类和几何符号。为了解释这些壁画，一些人类学家和艺术史学家提出一种理论，指出这些画可能是过去的人类狩猎成功的记录。还有一种理论认为，这些画可能代表着一种对未来狩猎活动的鼓舞仪式。不管真正的理由是什么，这些壁画都是原始的交流媒介，据估计可追溯到公元前 15000 年。

有研究发现，书写文字系统可以追溯到公元前 5000 年，但一般认为苏美尔文明在公元前 3400 年前后出现了书写文字的雏形。《吉尔伽美什史诗》可能是历史上最古老的虚构故事，最早可追溯到公元前 2100 年的一系列苏美尔诗歌。

这些古老的例子展示了两种不同的讲故事形式——图画和文字。但是，我们也通过一种可能更加古老的媒介来叙说故事，而这种媒介直到相对较近才被历史记录下来，那就是说话。每天，我们都与同事、朋友和家人交谈。在工作环境中，我们每天都在听说故事、讲述故事，从培训指导到推销演示，不一而足。

讲故事的目的和 VR 的目的是相似的：让受众沉浸在叙述者的描述中。这样做的原因有很多，包括娱乐、社交、信息告知、教育、游说、培训等方面。叙述者要做的就是唤起受众的情绪，比如让他们害怕自己错过一笔好交易、同情生活在艰苦环境下的难民、期待新产品的发布，等等。

就 VR 技术在目前的技术形式看来，它不过是故事叙述媒介一项最新的演化成果。作为一个概念，它植根于人类的本质和历史之中，因此不可能昙花一现。

VR 技术与其他技术被主流采用的时间

由于 VR 技术经过"相当长时间"的发展，才达到相对较低的"主流采用"水平，因此各地新闻文章、推文和博客帖子很喜欢使用"VR 已死"这样的表述。这种看法非常普遍，因为大多数人并不会拿以前的技术进入主流市场的时间来与 VR 技术作对比。这是孤立研究 VR 的结果，并且是在预设"新技术会在几年内被广泛采用"的情况下得出的结论。

图 11-2 展示了新旧技术的采用率。它包括微波炉等家用电器以及收音机等媒体资源工具，也涵盖了互联网之类的普遍又复杂的技术和平板电脑之类的硬件设备。分析不同领域的技术可以提供一些有用的见解，帮我们更好地理解技术被广泛采用所需时长的问题。

这些数据取自公开来源，全部基于美国家庭的采用情况。大多数的数据记录是在该技术达到某个重大的采用水平（比

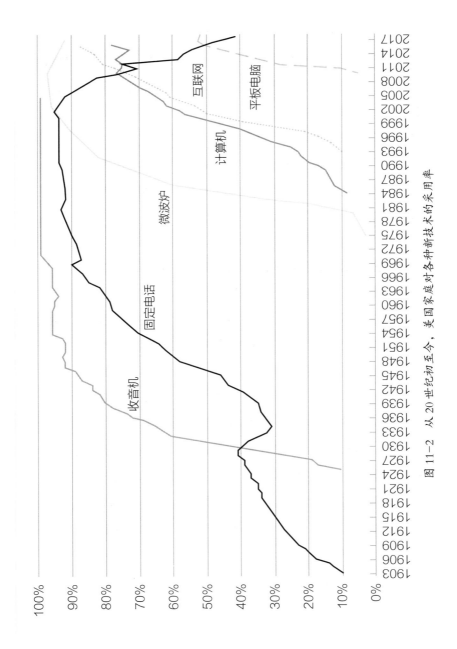

图 11-2 从 20 世纪初至今，美国家庭对各种新技术的采用率

如 10% 的渗透率）时收集起来的，尤其是较老的记录。因此，低于这个水平的精细数据有时是没法找到的。不过，我们可以通过该技术首次公开发售的年份，计算出它从诞生到进入主流市场所需的时长。

"主流采用"在很大程度上是一个主观的概念，但我们可以给它下一个清晰的定义，并一以贯之地对所有技术使用这一定义，从而建立一个可用于比较的分析框架。1962 年，社会学家埃弗里特·罗杰斯（Everett Rogers）出版了《创新的扩散》（*Diffusion of Innovations*），在书中提出了新思想和新技术的传播理论。为此，他从多个领域收集了 500 多项研究的研究结果，得出了今天我们称之为"技术采用生命周期"（Technology Adoption LifeCycle）的钟形曲线。这条曲线根据消费者的消费习惯，将他们分为五类。以下是组织理论家杰弗里·摩尔（Geoffrey Moore）的解读：

● 创新者：前 2.5% 的技术采用者。其中有许多技术专家和技术发烧友，拥有最新的创新技术是他们人生志趣的核心。

● 早期采用者：创新者之后 13.5% 的采用者。这些人颇有远见，他们未必是技术专家，但他们愿意冒险使用初创产品以获得甜头。

构成市场前 16% 的这两个群体代表早期市场。

● 早期大众：接下来 34% 的采用者。他们代表主流市场伊始的实用主义者，他们乐于接受新产品，但希望在采用之前先看到产品有效性的证据。

● 晚期大众：接下来同样是 34% 的采用者。他们是沉浸于传统技术，不大接受改变的保守派，只跟成熟的产品打交道。

● 落后者：最后的 16%。积极回避新技术和创新的怀疑论者。

从 17% 到 100% 的这三个群体代表主流市场。

杰弗里·摩尔在《跨越鸿沟》（*Crossing the Chasm*）一书中，概述了在主流市场立足的难处。他在书中将"主流市场"①定义为"由除早期采用者和内行人士之外的所有消费者组成"。这就意味着，一旦每 5 人当中有 1 人采用了某种技术，该技术就开始进入主流市场。尽管听起来有点保守，但这是一个合理的假设——保守也没关系，反正它进一步佐证了我们的发现。在此基础上，我们再来看看不同时代的新技术，看看每一种技术花了多长时间才进入主流市场（就按我们说好的定义，17%）。

---

① 原文是 the mainstream market, which he defines as the early majority onwards，译者查阅原书没有完全一致的表达，原书对"早期市场"和"主流市场"下定义时是这样说的：the first, an early market dominated by early adopters and insiders who are quick to appreciate the nature and benefits of the new development, and the second a mainstream market representing "the rest of us"... 这里的"the rest of us"（除创新者和早期采用者以外的所有人）指的就是作者所说的"the early majority onwards"（从"早期大众"起往后的那些采用者），因此译者采用了中译本译者赵娅的表述作为这里的"定义"：由除早期采用者和内行人士之外的所有消费者组成。——译者注

固定电话：29 年

亚历山大·格雷厄姆·贝尔的电话专利于 1876 年获批后，第一部家用电话机于 1877 年 4 月入户安装。到 1906 年，固定电话的采用率才达到 17%。

微波炉：26 年

雷神公司（Raytheon）是一家雷达系统开发商和制造商。在第二次世界大战结束后，雷神公司的科学家意外发现实验室中一种产生微波的磁控管的新用途：加热食物。1955 年，第一台面向消费者的微波炉 Tappan RL-1 上市，1981 年达到 17% 的采用率。

平板电脑：23 年

第一款平板电脑设备实际上发布于 1989 年 10 月，名为 GriD Pad，定价是 2370 美元（大约相当于 2020 年的 5000 美元）。在当时，它并没有快速流行开来。23 年后，平板电脑才达到 17% 的采用率。

计算机：19 年

Kenbak-1 是公认的世界上第一台个人计算机，1971 年上市售卖时，定价 750 美元（大约相当于 2020 年的 4800 美元）。它的制造商肯巴克公司（Kenbak Corporation）只生产了 50 台机器就倒闭了；19 年后的 1990 年，17% 的美国家庭拥有个人计算机。

互联网：8 年

互联网起源于 1969 年美国国防部的一个项目。到了 1989

年，世界上第一家互联网服务提供商（ISP）这世界公司（The World）提供拨号上网服务，互联网才正式投入商用，向公众开放。8 年后，17% 的美国家庭接入了互联网。

收音机：6 年

1920 年 11 月，第一个商业无线广播电台 KDKA 从美国匹茨堡开播。当地的约瑟夫·霍恩百货商店（Joseph Horne）同步供应现成的收音机。在此之前，装配出一个能接收无线电传输的系统在很大程度上只有极客才能通过 DIY 办到。这样的系统可以从零开始装配，也可以用一个附有全套零件和说明书的工具包来装配。虽是新技术，但当时的收音机并不昂贵。20 世纪 20 年代初，一些收音机套件的售价 17 美元左右（相当于 2020 年的 250 美元）。收音机仅用了 6 年，就进入了 17% 的美国家庭。

小知识

英文"broadcast"（广播）一词实际上起源于农业，是一种将种子撒播在大面积土壤上的播种方法。

尽管采用率只需达到 17% 就算正式进入主流市场，但像电话这样的技术仍花了 29 年才达到这一水平。如此长久的采用时间并非只有旧技术才会遭遇到，像平板电脑这种相对现代的技术也花了 23 年才正式进入主流市场。

1993 年，第一款 VR 头戴式设备作为商业产品进入消费时长。据多方统计，2020 年，VR 的渗透率在 6%~16%。尽管经历了近 20 年的低谷，VR 技术的发展仍处在旧技术的主流采用时间范围内。

第十二章

CHAPTER 12

为什么
要趁现在?

在 XR 作为一种数字技术对消费者广泛开放之前，它经历了数十年的研究，人们无数次尝试将其推入主流市场。

20 世纪 60 年代，XR 技术的第一个数字形式问世，用户可以通过头戴式设备在真实环境中观看诸如立方体之类的原始几何数字对象，用户视角还能随着用户的移动而变化。从学术角度看，那简直是翻天覆地的创新，因为这是物理环境与数字环境之间首次实现自然交互。然而，从实用角度看，我们在前几章探索的许多应用场景在当时还有待发现。

20 世纪 90 年代的 VR 非常粗糙：想象一下，一部 3~4 千克的头戴式设备套压在你的头上，一组粗重的电缆如章鱼触须般在设备、控制器和巨型计算系统之间形成弧线。计算机马不停蹄地运转，处理虚拟环境和你在虚拟环境中的动作，但它的性能不够好，无法以足够快的速度将内容更新到你的显示屏上。于是，你所看到的要落后于你的动作——虽然不严重，但是足以让许多人感到眩晕。当时，3D 图形还处于起步发展阶段，因此虚拟环境的视觉质量不高，一般由块状图形、简单纹理图和基本动画组成。尽管如此简陋，在某些情况下，VR 装备的成本仍可高达 10 万美元。总之，在很长的时间内，成本只出现了短暂的下滑。人们付出的努力超过了所获得的价值。很大程度上，这就是 VR 技术在 20 世纪 90 年代逐渐失宠的原因。

虽然比起今天，旧时技术的不足显而易见，但 VR 系统的技术成就在当时是非常了不起的。没有它们，XR 行业就不可能有今天的地位。

连同当初人们对 VR 的研究、从这些系统的构建和部署过程中获得的经验教训和知识，许许多多的趋势促成了 VR 技术的复兴。

降本增效

无论从哪个角度看，技术成本在过去几十年里都大幅下降。

● 存储：1964 年，1 太字节（TB）的存储空间成本是 35 亿美元。2020 年，这个成本下降到仅 15 美元。

● 计算：1961 年，每秒能处理 10 亿次计算的算力成本是 11000 亿美元。2020 年，仅需几美分就可以做到。

● 连接：1998 年，数据传输成本是每兆字节秒 1200 美元。2020 年，同样的互联网连接成本下降到大约 20 美分。

在技术成本持续下降的同时，计算能力的可用性一直在大幅提高。1965 年，戈登·摩尔（Gordon Moore，后来成为英特尔公司的联合创始人）预测硅芯片上的晶体管数量每年都将翻一番（1975 年修正为每两年翻一番）。摩尔定律（Moore's Law）就此确立，越来越多的算力被塞进越来越小的芯片里。由此，我们得以从旧 VR 时代的低质量图形逐步前进，打造更生动的体验。芯片处理能力的提升也使得体验模块运行得更加流畅，从而减少用户在使用 VR 时感到眩晕的情况。

VR 体验需要极大的计算能力。在一个普通的 3D 应用程序中，一台计算机需要每秒进行 30 次计算并发送显示内容的指令给显示屏。假设显示屏的分辨率是"全高清"，那就是说，宽 1920 像素 × 高 1080 像素 × 每秒 30 帧 = 每秒处理 6200 万像素。假如一套 VR 头戴式设备的分辨率为 2880×1600，刷新率为每秒 90 帧，这意味着每秒需要处理 4.15 亿像素，是普通 3D 应用的近 7 倍[①]。

从 20 世纪 90 年代初 VR 系统的天文数字成本来说，如今情况已经有了很大的改善。傲库路思公司于 2016 年推出 Oculus Rift CV1，零售价定为 599 美元，当时并未附带 3D 体感追踪控制器（控制器于约 8 个月后发布，售价为 200 美元）。有了 VR 设备还不够，你得有一台功能强大的计算机来运行这套设备，这就需要至少 900 美元。总的来说，整套组件系统成本超过 1500 美元，这是用户入门高级 VR 体验的门槛。3 年后，2019 年，消费者已经可以选购 Oculus Quest——一款不需要连接电脑的独立设备，零售价为 400 美元（还包含触摸控制器！）。2020 年 10 月，Quest 2 上市，它的价格更低，仅需

[①] 原文是 a nearly seven times increase over a regular 3D application（比普通的 3D 应用增加了将近 7 倍）。经计算，$(2880×1600×90)/(1920×1080×30)=6.6666666\cdots$也就是说，并不是"增加了近 7 倍"，而是"是普通 3D 应用的近 7 倍"。——译者注

299 美元。

◉ 对 XR 技术的投资

如今计算机硬件越来越强大，成本越来越低，对于小企业来说，制作一个用户负担得起又有效的 VR 头戴式设备也越来越具可行性。2012 年 8 月 1 日，帕尔默·勒基（Palmer Luckey）在众筹平台 Kickstarter 上发起了一项众筹活动，为一款 VR 头戴式原型设备"Oculus Rift"筹集资金。勒基设定了 25 万美元的目标，在 24 小时内就通过公众筹款达成目标。一个月后的 9 月 1 日，众筹活动结束时，该项目一共向来自世界各地 9500 多人筹集了 240 万美元——几乎是项目最初目标的 10 倍之多。

这一活动的成功引起了脸书的注意。2014 年 3 月，脸书公司以 30 亿美元收购了勒基的公司傲库路思。这一举措引发了一系列企业活动，资本以前所未有的方式涌入 XR 领域。

对 XR 的投资来自许多地方——风险投资基金、企业、私人投资者（天使投资人）、政府拨款和众筹平台。在 2012 年到 2019 年，全球各地向 XR 技术投入了约 170 亿美元的风投资金。其中有一些投资者是虚拟现实风投联盟（Virtual Reality Venture Capital Alliance，VRVCA）的成员。虚拟现实风投联盟由 49 家全球投资机构组成，拥有超过 180 亿美元的可部署资本，该联盟的使命是联合投资"全球范围内最具创新力和影响力的 VR 内容和 VR 技术公司"①。

除了上述的专业投资机构，来自谷歌、惠普（HP）、英特尔和高通（Qualcomm）等知名公司的企业风投基金也投资了不少 XR 初创公司，而苹果、脸书、微软和其他许多公司也花费数亿美元收购这些初创公司。截至 2019 年年底，全球 XR 初创公司的总市值为 450 亿美元。

政府已经开始发现 XR 技术的价值。2017 年 11 月，英国商业、能源和产业战略部发布了一份战略白皮书《产业战略：建设适应未来的英国》（*Industrial Strategy: Building A Britain Fit For The Future*），阐述了"一项提高英国生产力及全英民众收入水平的长期规划"。这份报告公布投入 4100 万美元的战略基金，支持沉浸式技术的发展。该基金项目对英国约 1000 家专业 XR 公司产生的 8.3 亿美元销售额表示认可。另一份报告《2019 年英国沉浸式经济报告》（*2019 Immersive Economy in the UK*）详尽地指出，英国国家研究与创新署（UK Research and Innovation，UKRI）自 2018 年以来支持了 500 多个价值超过 2.75 亿美元的沉浸式技术项目。该中心的使命是

---

① 原文是 "world's most innovative and impactful VR technology and content companies"，译者查阅该联盟中文官网，其表述是"虚拟现实风投联盟旨在通过发掘、分享和联合投资全球范围内最具创新力和影响力的 VR 内容和 VR 技术公司，以期促进 VR 行业的长足发展"，与原文语序不同，因此直接使用了官网表述。——译者注

招引资金促进英国的创新发展及形成积极的经济、社会和文化
影响。

2016 年，HTC 公司与深圳市政府合作成立了一个 15 亿美
元的虚拟现实投资基金项目。该基金的投资领域甚广，包括设
计、国防、工程、医疗保健和制造业，旨在促进深圳的 VR 产
业的发展。2018 年在江西省南昌市举办的世界虚拟现实产业
大会上，江西省政府宣布了一系列鼓励 XR 创业的激励举措，
包括为专研 XR 技术公司筹集 4.6 亿美元投资的计划。韩国
未来创造科学部（The South Korean Ministry of Science, ICT and
Future Planning）也宣布了总额为 6200 万美元的基金项目，以
推进 XR 和沉浸式内容的开发。

上述这些数字还不包括脸书、HTC 和微软等大型公司每
天在内部投入的大量时间和资源，也不包括数千家为全球企业
和消费者孜孜不倦地研究、开发和改进 XR 技术的初创公司。

◉ 多国企业对 XR 的支持

除了各行各业中使用 XR 技术的公司外（这种公司太多
了，本书无法一一枚举），世界各地还有大大小小的许多公
司参与 XR 技术的开发和推进。为了让你有个大致的概念，
下面我将列出一些比较知名的公司以及它们与 XR 技术相关
的活动：

宏碁（Acer）、华硕（Asus）、戴尔（Dell）、爱普生（Epson）、

脸书、谷歌、惠普、华为、联想、微软、HTC、三星、色拉布（Snap Inc）、索尼、维尔福（Valve）和小米公司都推出了 XR 设备。

阿里巴巴、亚马逊、苹果、佳能（Canon）、脸书、谷歌、华为、国际商业机器公司（IBM）、英特尔、乐金（LG）、微软、诺基亚、高通、三星和索尼公司已经注册了数千项 XR 技术专利。

博世公司（Bosch）创建了一个现成解决方案，让制造商能够制造出更轻便的 AR 智能眼镜。

英特尔公司和微软公司投资建造体三维摄影工作室，使人物 3D 视频录像能用于 XR 应用程序。

苹果公司和谷歌公司凭借对 ARKit（苹果公司的增强现实框架）和 ARCore（谷歌公司的增强现实 SDK）的持续开发，走在主流移动 AR 技术的前沿。

IBM 公司为 AR 开发了实物识别技术，并发布了 XR 体验的设计指南。

亚马逊公司创建了开发工具，软件开发人员可用以构建强大的 XR 应用程序。

ARM 公司和高通公司开发了针对 XR 应用优化的处理器和芯片。

奥多比公司（Adobe）和欧特克公司（Autodesk）开发了多个软件包，可用于开发 XR 内容。

森海塞尔公司（Sennheiser）开发了空间音频的 AR 硬件

和软件。

超微半导体公司（AMD）和英伟达公司（Nvidia）正在开发针对 XR 应用优化的中央处理器（CPU）和图形处理器（GPU）。

佳明（Garmin）、GoPro、柯达（Kodak）、LG、尼康（Nikon）、理光、三星等公司发布了 360 度全景摄像机。

脸书、惠普、联想和微软等公司建立了 XR 生态系统，帮助企业使用 XR 技术。

这只是致力于拓展 XR 技术前景的部分知名企业，还有无数其他企业通过构建 XR 应用程序和基础设施来支持这个行业。

◉ 全球经济影响

普华永道公司在报告《眼见为实》中预测，到 2030 年，沉浸式技术将为全球 GDP 贡献 1.5 万亿美元的增长。

普华永道公司的经济分析团队和 VR/AR 部门进行了为期六个月的合作，发布了《眼见为实》报告。总共有 50 多人参与了该报告的研究，他们的工作范围包括研究、内容撰写、市场营销、经济分析、沉浸式技术咨询和 WebAR 开发。该报告提供了一种可靠的方案，指出倘若 XR 技术采用得当，并且产品和服务的质量高如预期，XR 技术可能会产生可观的影响。

15000 亿美元是一个天文数字，但这个数字背后有强大的经济基础和商业基础作支撑。普华永道公司经济学团队通过考虑各种 XR 应用程序，评估出它们对生产力的效用，并用它模拟出 XR 技术在宏观经济上对全球的影响。该分析包括三个阶段，采用自底向上分析法，概述如下。

第一阶段：研究和识别 XR 应用程序

普华永道公司的 VR/AR 团队在这一阶段提供了到 2030 年有可能实现的 XR 应用程序清单，并针对 XR 行业第三方利益相关者的采访提供了补充和交叉参考，从而形成一个全面的清单。然后，该清单又做了一番缩减，删除了那些不太可能对全球经济产生重大影响的应用程序。该分析清单还包括一些在撰写报告时不具有变革性，但预计会在未来对生产力产生重大影响的应用程序——这些应用程序也会产生重大的经济影响，比如对弹性工作制度和组织会议的影响。

第二阶段：评估 XR 对生产力的提升

针对缩减清单上的每一个应用程序，普华永道公司都参考了现有的针对该应用程序的采用率和生产力影响的研究，以及全球技术市场咨询公司 ABI 研究的预测数据。结合普华永道公司的经济分析，团队对所有应用程序进行了生产力影响评估，并将其细分为 12 个领域。这 12 个领域后来被合并为 5 个大类，以方便信息交流。研究团队选择了 8 个国家——中国、芬兰、法国、德国、日本、阿联酋、英国和美国，因为这些国家有显著的沉浸式技术市场实力以及可用于经济分析的可靠数据。然后，根据技术增长的 S 形曲线、全球创新指数及 VR 技术和 AR 技术的预估采用情况，将所有因素应用于这 8 个国家，并估算至 2030 年。

当一项技术被市场采用时，它的增长曲线是 S 形的——一开始它会缓慢而稳定地增长，接着它会呈现指数型增长，而当大多数人采用时，它就会恢复平稳增长。收音机、电视、手机、电脑等技术都遵循了这条 S 形采用曲线（你可能从第十一章的 "VR 已死" 一节中注意到了这一点）。

第三阶段：使用经济分析模型运行研究结果

最后一个阶段是将生产力数据输入一个动态的可计算一般均衡模型（computable general equilibrium model，CGE），以估算出到 2030 年 VR 技术和 AR 技术的采用情况对全球 GDP 的总体影响及因此增加的就业总数。CGE 模型基于全球贸易分析项目数据库（Global Trade Analysis Project database，GTAP），该数据库提供了 140 个不同国家和地区共 57 种经济部门的详细数据，并重点关注世界经济的全球互动，包括公司之间货物和投入的贸易和支出、消费者在商品上的支出、投资者的投资决策和市场动态（如市场对资本、劳动力、贸易、就业和工资效应的需求）等。此外，这个模型还模拟了家庭、企业和政府之间的互动。

CGE 模型在世界各地都被广泛用于辅助制定政策，因此用它来建模评估技术对全球经济水平的影响是可信的。

运算结果

该模型的分析和结果跨越多个维度：

- 时间：2019—2030 年的每一年；
- 技术：VR 技术与 AR 技术分别评估；
- 地理：考察 8 个重点地域；
- 应用：包含 5 个大类；
- 就业机会：有多少就业机会是因沉浸式技术而新增的？

从技术的维度看，AR 技术对经济的贡献是 VR 的两倍多，这种情况将持续到 2030 年（分别预计 11000 亿美元和 4510 亿美元）。

从国家维度看，美国表现突出，预计将在2030年占XR技术全球经济贡献的1/3（5370亿美元）。预计到2030年，中国、日本和美国这三个经济体将占XR技术全球经济影响的一半以上。在欧洲，预计到2030年，仅仅在XR技术相关的"产品与服务开发"方面，德国就将为全球GDP贡献271亿美元。这项预测有一部分要归功于德国高度发达的制造业。

报告中的五大类应用程序按照其到 2030 年对全球 GDP 的预期促进作用的递减顺序，排列如下。

产品与服务开发

VR 技术和 AR 技术不仅有可能增强和扩大现有的产品设计

和开发，而且有可能实现全新的技术，加速推动更准确、更现实的概念落地，缩短产品开发流程，并节省大量的时间与金钱。

医疗保健

在未来，VR 技术和 AR 技术对医疗保健行业的影响可能是惊人的，无论是一线患者护理方面还是医护培训方面。目前，VR 技术已经被用于医学培训，由于手术室对旁观者人数有限制，医科学生通过 VR 技术才能有更多机会观摩手术过程。这些技术还被用于支持不同地方的医学顾问进行远程协作，讨论即将实施的外科手术。

发展与培训

在培训中采用 VR 技术和 AR 技术，能提高学员投入度和培训后的知识留存率，并且能协助组织机构对大规模学员执行一致的、可测量的标准。在真实环境下培训可能不总是可行或不够安全，比如模拟紧急情况或在危急情况下对资产进行检维修，而 XR 技术可以提供一种随时可行、安全的培训方法。

工作流改进

VR 技术和 AR 技术正在开创一些令人振奋的新方法，以提高员工和工作流的效率、生产力和准确性。工程师和技术人员可以通过 AR 设备获得维修图纸等信息，从而快速发现问题并进行维修和维护。在物流领域，AR 智能眼镜可以为工人显示拣货信息，突出显示货物的位置，并显示产品细节和包装说明。

零售与消费者

VR 技术和 AR 技术提供了吸引消费者、娱乐消费者、与

消费者互动的新方法，为电影行业、游戏行业和零售行业创造
了新的可能性。

XR 的五大应用领域及其到 2030 年对全球 GDP 的预期贡
献值如表 12-1 所示。

表 12-1 XR 的五大应用领域及其到 2030 年对
全球 GDP 的预期贡献值

领域	合并大类	到 2030 年对全球 GDP 的预期贡献值（亿美元）
组织会议 设计、可视化与开发 弹性工作制	产品与服务开发	3594
医疗保健	医疗保健	3509
组织培训 教育	发展与培训	2942
资产维修和维护 物流与位置绘测	工作流改进	2750
零售流程 消费者体验 视频游戏	零售与消费者	2040

XR 技术创造的就业机会

据普华永道公司预测，到 2030 年，XR 技术将创造出 2340

万个工作岗位。这一预测包含全球各行业，分布在上述五大类应用领域中。

普华永道公司的报告《眼见为实》重点针对沉浸式技术对商业和经济影响做了更广泛的分析，这些预测数据是其中一部分。这份报告所在的网页上有一个数据浏览器，访客可以单独查看某一年，选择不同的国家地区，查看 VR 技术和 AR 技术贡献的金额和 GDP 百分比增长结果，以及它们分别创造的就业机会数量和百分比。

 总结

● 通过提高效率和生产力，XR 技术目前已经在为全球经济贡献价值。

● 在 2030 年之前，XR 技术将继续以越来越快的速度发展（该分析报告仅预测到 2030 年，但其影响预计将持续多年）。

● XR 技术将在全球众多行业创造数百万个工作岗位。

XR 领域的学术研究正蓬勃发展

在 XR 领域，高校是重要的利益干系方。高校与大企业内部的主要研究部门一起，肩负着从技术、功能和商业角度帮助我们理解这些技术及其发展的重任。他们遵从科学严谨的方法论开展工作，以期让我们了解部署这些技术可以有效解决哪些问题。

看看学术期刊上的论文，你会发现 AR 和 VR 领域的研究一直在稳步增加。2000 年，有大约 600 篇与 VR 相关的论文和 50 篇与 AR 相关的论文发表；2016 年，与 VR 相关的出版物翻了一番，达到 1200 份。AR 技术相关的论文数起点比较低，在同一时期增长了近 15 倍。在接下来的 3 年里，学术界的研究兴趣激增，VR 和 AR 相关的发表数再次翻倍。

从 2016 年起，XR 技术相关的论文发表数有了明显的增加。当时是脸书以 30 亿美元收购傲库路思公司的两年后，该收购可能在行业和学术界都产生了连锁反应。

尽管 XR 的学术研究不仅关注企业需求，但随着学术界对 XR 技术的关注和研究的增加，一些研究的结果会自然适用于商业领域。其他一些学术界与企业组织合作进行的研究会直接提供越来越多的证据，证明使用 XR 技术解决大量业务问题的有效性。2000—2019 年关于 VR 技术和 AR 技术的学术期刊出版量如图 12-1 所示，数据基于微软学术搜索引擎中 VR 和 AR 主题领域的搜索结果。

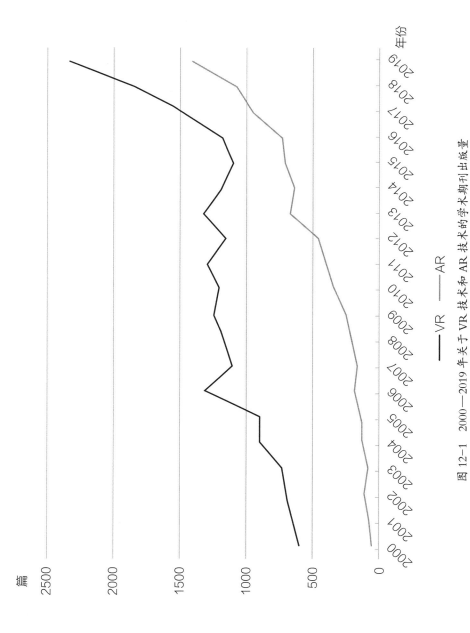

图 12-1 2000—2019 年关于 VR 技术和 AR 技术的学术期刊出版量

利兹大学：研究 VR 技术在牙科教育中的价值

英国利兹大学是一所专注于研究的公立大学，其历史可追溯到 1831 年成立的利兹医学院。利兹大学是全英国研究能力排名前十的大学，拥有 38000 名学生。

2012 年，利兹大学牙科学院投资 200 万美元，创建一套 VR 牙科模拟系统。这是英国同类系统中规模最大的系统，也是世界上最大的同类系统之一，支持整个教室的学生同时进行实操练习。这套系统集成于一体化的设备中，主要配有位置追踪的实体工具（也就是"牙科 VR 控制器"）、向佩戴偏光镜的用户呈现 3D 图像的显示屏，以及用于浏览培训模块和虚拟患者病历的触摸面板。该系统还内置有触觉反馈技术，为用户提供触觉反馈，以期在用户实施各种牙科手术时创造出逼真感。

利兹大学的研究人员一直在使用这套 VR 系统，从不同角度检验它在牙科教育中的价值。他们一项近 300 人参与的研究表明，VR 模拟系统能够区分不同水平的牙科手术能力——这为模拟系统评估实习牙医的能力提供了可能。另一项研究结论表明，牙科学生使用 VR 模拟器的早期表现可以用来预测他们真实的牙科手术能力，其预测结果甚至比他们后期使用的传统培训方法更准确。根据多年的分析和已发表的研究，他们发现 VR 技术可用于训练牙科学生，效果总结如下：

- 培训速度更快；

- 培训过程更安全；

- 培训效果更好；

- 更具成本效益。

传统培训方法是牙科学生使用一套仿制的塑料牙齿模型进行实操。这套牙齿模型会被安装到一个"头模"中——一个张着嘴、没有牙齿的仿真人体模型。这种训练方法需要耗费许多一次性物品，包括牙齿模型和钻头。使用 VR 模拟系统，就不需依赖这些实物工具，可以减少浪费，降低水消耗和成本。此外，传统培训需要讲师在一旁观察评估，VR 模拟系统则可以收集更为精细、客观的数据。比如，系统可以评估学生的手眼协调能力，还可将系统收集的数据按技能水平进行分类，从而确定哪些学生需要额外协助。

大约 5% 的人口有潜在的神经疾病，这对牙科执业者的小肌肉运动技能要求极高。使用 VR 牙科模拟系统可以更快地让用户了解这一点。

利兹大学的研究对牙科初学者使用 VR 模拟系统的情况和使用由讲师提供支撑的传统培训的情况进行了直接比较后发现，尽管学生在两种情况下都能学到知识，但 VR 模拟系统能支持全班学生同步练习且只需一名讲师进行管理，这意味着使用 VR 模拟系统时，学生总体学习进展更快。

VR 牙科模拟系统是一种有效的培训系统，学生可以按需使用，理论上他们可以加载无限量的病例进行实操练习，以磨炼他们的技能。这个系统可以在他们学习的早期阶段提供更多练习机会，这种练习既能模拟真实患者的病例，又没有伤害患者的风险。

通过这样一个例子，利兹大学研究团队通过严格的学术研究，证明使用 VR 进行牙科培训可以提高培训有效性、学习效率和操作安全性。这项研究和世界各地其他对 XR 技术的学术研究让我们更好地了解 XR 技术在不同应用场景和行业中的优势。

◉ 组织和社会对视频游戏趋势和技术的接受度

游戏一旦严肃起来……

在人们的刻板印象中，VR 技术和 AR 技术常与视频游戏联系在一起，被视为一种娱乐形式。但长期以来，各地组织机构一直在使用视频游戏及其相关机制原理来达成与娱乐无关的目标。事实上，有一个领域专门研究不以娱乐为目的的游戏——它被恰如其分地命名为"严肃游戏"（Serious Games）。美国研究人员克拉克·阿布特（Clark Abt）于 1970 年出版过一本名为《严肃游戏》的书，他在书中首次提出这个术语。阿布特恰当地总结了严肃游戏的概念以及一些人对该术语的矛盾看法："游戏可以是严肃的，也可以是休闲的。我们关注严肃游戏，是因为这些游戏有着明确的、经过深思熟虑的教育目的，而非娱乐目的。但这并不意味着严肃游戏不具备或者不应该具备娱乐性。"

在"严肃游戏"这个词被创造出来之前，严肃游戏早已有之。军事部门会使用类似游戏的模拟程序，来复现现实世界中的复杂场景。自第二次世界大战结束以来，这些技术一直被军队用于提高军事训练的经济性和效率。1948 年，美国军方与约翰·霍普金斯大学作战研究办公室（Operations Research Office）合作创建了"防空仿真系统"（Air Defense Simulation），这可以算是第一个计算机游戏了。

自计算机技术诞生以来，美国军方创建了许多模拟系统，其中有一些与消费领域有交集。2000 年首次发布的《美国陆军》（America's Army）是美国军方开发的系列视频游戏，是军方面向公众的一个营销渠道。这一方案是美国西点军校经济与人力分析办公室主任凯西·瓦尔迪恩斯基（Casey Wardynski）上校提出的，他"设想使用计算机技术为公众提供一种引人入胜、寓教于乐的虚拟战士体验"。

 你知道吗？

有一些早期作培训用的模拟程序已经被改造成了视频游戏，引得世界各地的消费者争相购买。这些游戏从驾驶火车、飞机到管理医院、动物园，方方面面不胜枚举。

企业工作和学术研究的游戏化

企业使用视频游戏技术和技巧来鼓励各种员工或用户行为，从而实现业务成果——这种做法通常被称为"游戏化战略"。许多组织和产品会使用游戏化来增强学习效果，通过创建吸引人的互动式剧情，将最枯燥的合规培训变成饶有趣味的体验模块。企业用来管理客户关系和内部沟通的软件，如Salesforce、Yammer 和 Jive，要么内置有游戏化元素，要么支持购买游戏化模块。这些模块通常会引入游戏机制，如档案徽章、积分或其他类型的奖励。奖励机制通常针对公司希望用户实施的行为，比如发布信息或分享知识，以此激发和撩拨平台用户的好胜心和自我满足感。这种做法不是什么新鲜事——世界各地的组织机构都在以类似的方式使用奖牌、奖励和头衔来实施这种机制。英国保险公司生命力（Vitality）鼓励其客户通过步行和锻炼来积累积分，以此换取咖啡、电影票之类的奖励。

即使在消费领域，严肃游戏也出现在公众科学这一有趣的分支。有一个名为"Foldit"（蛋白质折叠）的游戏，鼓励用户通过玩游戏来为科学研究作贡献。在游戏中，用户尝试不同的方式"折叠"蛋白质，并提交他们获得最高分的解决方案供进一步研究。

视频游戏行业与新一代领导者

视频游戏行业的力量不可忽视——它的力量比音乐和电

影加起来还要大。从客观的角度，想想 2019 年上映的《复仇者联盟 4：终局之战》（*Avengers: Endgame*）是 2020 年之前十年内票房最高的电影。这部电影头两天的全球票房是 3.05 亿美元。相比之下，2013 年 9 月发布的视频游戏《侠盗猎车手 5》（*Grand Theft Auto V*，GTA5）在一半的时间内（一天）就卖出了两倍多的价钱（8 亿美元）。

视频游戏已经深深地融入了现代世界。全世界近 1/3 的人在个人计算机、游戏机或移动设备上玩视频游戏。从支出来看，千禧一代是最为突出的一代，他们平均每月在游戏上花费 112 美元，几乎是 X 一代的两倍，后者每月仅花费 59 美元。

2020—2030 年，千禧一代中的许多人可能将进入各种组织机构的高级领导层，他们将带来一种对视频游戏接受度更高、更重视视频游戏商业潜力的文化氛围。

红十字会国际委员会：用于灾难应急培训的 VR "游戏"

许多组织机构会使用游戏引擎构建用于团队目的的游戏。红十字国际委员会（ICRC）就是这样一个例子。

本书所提到的大多数 XR 体验模块都是使用游戏引擎构建的。所谓"游戏引擎"，就是传统上用于为个人计算机、游戏机和手机创建视频游戏的计算机程序。游戏引擎现在也用于构建商业应用程序。

红十字会在多个国家和地区落实工作，帮助受武装冲突影响的人，并促进推广国际人道法。红十字会的总部设在瑞士日内瓦，在全球有18000多名雇员。它有一个专门的VR团队，该团队使用VR技术为雇员和合作伙伴提供沉浸式的虚拟灾难场景应急培训。

其中有一个培训模块可以让用户沉浸式体验虚拟灾难环境中的法医取证程序，泰国春武里府就曾使用过这个模块。在出发前，受训者都需要（在虚拟环境中）穿戴好适当的个人防护装备，并像在现实环境中一样打包好相关的物料：一套全身防护服，配有防护手套、靴子、护目镜、头盔和面罩，不同尺寸的证据袋和一台摄像机。准备好之后，受训者就可以出发探索虚拟世界，涉过废水并清理泥石碎片，搜寻遇难的受害者，完成法医取证程序，最后将受害者遗体装入运尸袋。在训练过程中，受训者需要拍摄相关照片，记录每具尸体独有的特征，还要搜寻任何能证明受害者身份的物品。体验过程中，他们可能会碰到悬空的电缆或野生动物等。图12-2所示为一名受训者（右上角）在VR中探索灾难现场时的视角。

以前的培训都建立在重复同一练习的基础上，非常浪费时间和金钱。多亏了VR技术，我们可以模拟不同的场景，针对犯罪现场、自然灾害等混乱场景进行训练。

——尼提·本胡翁（Nithi Bundhuwong），泰国皇家警察总署警察司法鉴定科学培训与研究机构负责人

图 12-2 一名受训者在 VR 中探索灾难现场

随着数字时代的到来，智能手机的普及和设备连接能力的提高，游戏技术和技巧在企业机构领域站稳了脚跟。据教育技术市场研究公司梅塔瑞（Metaari）预测，严肃游戏行业正处在蓬勃发展阶段，到 2024 年，该行业收入将实现翻两番，达到 240 亿美元以上。具备 VR 和 AR 能力的视频游戏技术处在创新前沿，将不可避免地为这一增长做出重要贡献。

◉ XR 的技术成熟度

高德纳公司（Gartner）是一家研究与咨询公司，为不同行业和经营范围的组织机构提供信息和咨询服务。该公司对新兴技术进行分析，以期帮助组织机构了解技术的进展和影响。他们使用的方法论之一，高德纳技术成熟度曲线（Gartner Hype Cycle），是一种用来描绘各种技术演化情况的图形工具，可描绘的技术从智能微尘、量子计算到 AR 技术、VR 技术，不一而足。如图 12-3 所示，高德纳公司使用这个曲线描绘了时间（横轴）与舆论对技术的期望值（纵轴）每项技术在这个曲线中会经历五个阶段（表 12-2）：

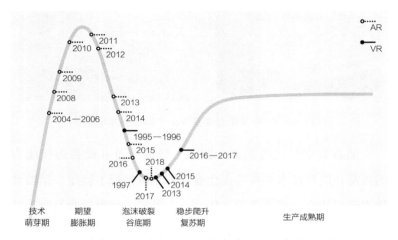

图 12-3　VR 技术和 AR 技术从 1995 年起在典型的高德纳技术成熟度曲线上的位置

表 12-2　高德纳技术成熟度曲线的五大阶段

阶段	期望值	商业领域的技术可行性	大致商业利益
1. 技术萌芽期	由低变高	概念验证	无投资，仅观望
2. 期望膨胀期	由高到达峰值	低	少量商业利益
3. 泡沫破裂谷底期	由高降至最低点	低	亏损
4. 稳步爬升复苏期	从最低点回升	增长	增长
5. 生产成熟期	稳定	稳定	稳定

1. 技术萌芽期：一项潜在的新技术突破引发了连锁的热情反应，从而点燃了舆论对该技术的能力的期待。

2. 期望膨胀期：围绕技术进行了大量的宣传炒作，舆论对技术能力的期望值达到峰值。

3. 泡沫破裂谷底期：不可避免地意识到技术无法匹配高期望值，导致舆论对技术的信心直线下降。

4. 稳步爬升复苏期：随着应用场景更加清晰和易于实现，技术逐渐变得成熟。

5. 生产成熟期：技术开始进入主流市场。

1995 年，高德纳公司发布了第一个技术成熟度曲线，并逐年进行更新。"虚拟现实"出现在第一个版本中，正落入泡沫破裂谷底期。在接下来两年的曲线中，VR 持续下跌。1998 年，高德纳将其从曲线中剔除，这是技术发展陷入困境的迹象。2013 年，也就是帕尔默·勒基推出 Oculus Rift 的第二年，高德纳公司将 VR 技术重新纳入曲线，让其从泡沫破裂谷底期重新冒头。VR 技术在接下来两年中杀出血路，2016 年终于进入稳步爬升复苏期。2018 年，高德纳公司再次剔除了 VR——不是因为 VR 失败了，而是因为它成功了。到了这个阶段，VR 头戴式设备在网上和实体店上架，销售给数以百万计的消费者。据高德纳推算，这足以证明 VR 技术应该被毫不留情地剥夺"新兴技术"的头衔，就此摆脱技术成熟度曲线，为一些真正的新兴技术（比如自动驾驶技术）让路，好让它们进入技术萌芽期，接受严酷的考验。

如果技术成熟度曲线追溯到 1995 年以前，VR 技术可能在 20 世纪 60 年代就进入了技术萌芽期，因为在那十年中出现了许多头戴式显示设备。而 20 世纪 90 年代初围绕 VR 技术的热议则可能将它置于期望膨胀期的顶峰。

 你知道吗？

"虚拟现实"一词实际上要到 20 世纪 80 年代末才由于坚持深入研究 VR 技术的计算机科学家雅龙·拉尼尔（Jaron Lanier）的推动而真正流行开来。

尽管 AR 技术同样可追溯到 20 世纪 60 年代——它在当时是学术界的研究课题，但 AR 首次在技术成熟度曲线中亮相是在 2004 年。1990 年，波音公司工程师托马斯·考德尔（Thomas Caudell）和他的同事大卫·米泽尔（David Mizell）创造了这个术语，AR 自此开始在行业中受到重视。当时，他们建议使用 AR 设备为工人提供飞机布线指导。20 世纪 90 年代末到 21 世纪初，AR 进入了娱乐领域，广播公司使用 AR 技术在体育比赛直播视频上叠加信息层。在 2009—2010 年，AR 登上了期望膨胀期的顶峰。当时，平面媒体开始探索 AR 技术，比如可以让《时尚先生》（*Esquire*）杂志的读者通过手机将小罗伯特·唐尼（Robert Downey Jr.，钢铁侠扮演者）放到真实环境中。

在接下来的八年里，AR 技术在大量的商业活动和技术进展中逐渐跌入泡沫破裂谷底期：在商业领域，谷歌公司和微软公司分别发布了第一代 AR 设备（两者都于 2019 年升级到第二代）；在消费领域，奈安蒂克公司和任天堂推出了 AR 游戏《宝可梦 GO》，促进了 AR 技术的进一步传播。自 2019 年起，高德纳公司将 AR 从技术成熟度曲线中剔除，指出 "AR 技术正迅速发展至更为成熟的阶段，这使其脱离了创新技术的新兴阵营"。高德纳公司做出这一决定，可能是受到 AR 行业的快速创新步伐所激发——AR 行业日新月异的创新应用促成了数十亿部支持 AR 的设备，这些设备就在我们的口袋里，每天与我们形影不离。

无处不在的智能手机

如果你拥有一部智能手机，那你很有可能就有了一部支持 AR 功能的移动设备。

我们可以仔细解读一下：从 AR 的角度看，并非所有移动设备都能运行各种 AR 应用程序。然而，AR 对设备最基本的要求就是一个摄像头，而这几乎是所有移动设备的标配。事实上，我尝试在网上搜索，发现很难找到一个广泛普及但不带摄像头的移动设备。最符合我搜寻要素的是一个亚马逊 "无摄像头手机" 搜索结果页，搜到了三种型号的设备，其中两种已经停产。

如果只考虑"高端"设备，结果会是什么样呢？从 AR 的角度看，高端设备指那些能够理解实物表面几何形状的设备。换句话说，它能够仅根据摄像头获取的信息来构建出环境的3D 地图。

住在英国的读者可以下载英国皇家邮政（Royal Mail）的应用程序，了解该公司如何使用 AR 技术为客户提供服务的真实案例。该应用程序的 AR 功能总结如下。

英国皇家邮政：AR 包裹尺寸测定功能

英国皇家邮政是一家邮政快递服务公司，多年来一直在英国各地提供邮件运送服务。

2018 年 12 月，皇家邮政在一项旨在提供更多在线服务的举措中，发布了一款移动应用程序（适用于安卓系统和苹果 iOS 系统），用以帮助客户追踪他们的邮包、安排未妥投的邮包的收件时间、定位附近的客户服务网点，等等。据调查，一些客户的主要痛点是难以准确估计包裹的真实尺寸和邮寄价格，这又引发了他们对包裹按时投送的担忧。

发布一年后，皇家邮政更新了该应用程序，增加了AR 功能，帮助用户准确测量邮寄包裹的尺寸并估算价格。

当用户在应用程序上下单邮寄物品时，需要填写物品的外形尺寸规格。他们可以选择手动填写或使用 AR 包裹尺寸测定功能（图 12-4）。如果选择后者，用户通过摄像头可以看到真实环境中出现了一个数字盒子。用户可以选择皇家邮政的三类包裹——大信封、小型包裹、中型包裹，对数字盒子的尺寸进行调整。

图 12-4 英国皇家邮政移动应用程序中的 AR 包裹尺寸测定功能截图

这个数字盒子可以放置到任何实物的表面上，只消按下按钮就可以锁定环境。锁定后，它就可以与旁边的实物包裹进行尺寸比较，方便用户直观地确定自己的包裹所属的类别。这样可以为用户节省时间，让他们对需要支付的邮费有个准确的概念。

皇家邮政移动应用程序的下载量已经超过 200 万。这个应用程序，加上它的 AR 功能，为全英国客户的在线邮寄服务提供了保障。

智能手机和 VR 技术

智能手机在全世界的普及惠及了 AR 技术。但使用智能手机为 VR 功能供电或显示则充斥着各种各样的问题，比如设备过热、必须将手机插入 VR 头戴式设备插槽之类的糟糕用户体验。更别说 VR 功能会让手机迅速耗电，导致你好几个小时甚至一整天都没有手机可用，除非你能够在附近便捷、快速地给手机充电。这些问题阻碍了 VR 技术在智能手机上的发展，从而导致 VR 独立设备的后续演化。

在一些小众案例中，使用智能手机进行 VR 体验仍是可行的。其中一种场景是用于消费者研究目的的 VR 体验。在这类案例中，沉浸感很重要，但不需要持续太长时间。还有一种场景是教育培训。这两种应用场景都可以依托于用户已有的主要硬件（如智能手机），也就是说，只需要为手机分配一个简单的 VR 头戴式设备架，就可以大大降低部署成本。

第十三章

CHAPTER 13

XR 的未来

　　我希望你从本书关于 VR 技术和 AR 技术商业应用案例的阅读中获得乐趣，也希望你对它们的应用方法和好处有更好的了解。我相信在未来，它们将成为我们日常生活、私人生活和职业生活的重要组成部门。

　　至此，你已经探索了大量的主题和信息。如果要我尽可能简明扼要地对本书进行归纳，我会这样总结：

◉ XR 技术的影响遍及全球所有行业

　　正如前面大量案例研究所示，XR 技术对今天的许多企业具有价值。XR 技术最初是一个学术课题，如今已经在商业领域开发出各种各样的应用程序。

　　VR 技术可以为用户提供完全沉浸式的体验，目前已被用于：

　　● 部署针对数百万员工的培训，包含软技能培训和硬技能培训；

　　● 创造远程协作和远程工作的有效方式；

　　● 设计并可视化尚未投产或由于财务、时间、健康或安全原因而不可触及的资产和环境；

　　AR 可以方便地显示与用户周围环境相关的信息，目前已被用于：

- 帮助商家优化商业运营工作；

- 提供有效的远程协助；

- 通过在顾客自家环境中提供试穿戴个人物品或试用商品，从而提高销量。

本书中的大量案例研究来自大公司，这并非因为只有大公司才能实施 XR 项目，而是因为它们得到了广泛的认可，并且公布了许多关于 XR 解决方案的细节。从许多方面看，小公司更容易实施 XR 项目，因为小公司的员工数量较少，项目不那么复杂，成本较低。

👁 挑战自然有，但回报更大

XR 技术受困于大量错误信息和人们先入为主的观念，这对它在商业领域的实施形成了阻碍。我在此为 XR 技术正名：

- XR 技术不仅是为了游戏和娱乐。尽管这类应用场景非常有趣和吸引人，但许多组织机构正在使用 XR 技术来构建务实的商业成果。

- XR 项目未必又昂贵又复杂。小规模的试点解决方案有诸多好处：更简单、更便宜、资源消耗更低，还能为组织机构提供其所需要的数据，用以构建业务案例，从而将试点解决方案推进到下一阶段。

● 从宏观角度来看，人们普遍不熟悉 XR 技术，也不熟悉如何与该技术互动，这导致 XR 技术难以被引进工作场合。然而，对于那些愿意花时间理解 XR 技术，去了解它的优势和局限性的人来说，它无疑是有价值的。实际上，这就意味着 XR 项目的利益干系方需要亲自体验 XR 技术和它的多种表现形式，并且亲自去跟进该技术最新的进展。在部署 XR 项目时，利益干系方需要对员工做大量沟通和引导的工作，以帮助员工了解该技术。

● XR 技术既非一时的风尚，也不是一项新技术。自 20 世纪 60 年代以来，XR 一直以数字形式存在，而在更早之前就以更抽象的形式存在了。如今它在商业领域的价值已被证明，未来它还会存在许多年。

对于那些愿意投入时间和金钱来更好地理解 XR 技术及其在商业应用的人来说，他们可以获得诸多好处，比如节省成本和时间、改善用户健康和生产安全、使项目具备更长久的可持续性、与项目利益干系方更紧密地合作、提高特定工作的效率，等等。

◉ 未来会有更多 XR 项目

与 XR 行业相关的所有利益干系方已经以一种意义重大的方式走到了一起，共同推进这项技术。

● XR 行业的主要参与者正在研究和开发新的硬件和软件，

以改善 XR 技术的使用体验。

● 许多大公司在 XR 项目实施上投入大量资源，作为其商业战略的一部分。

● 智能手机制造商正在向世界上很大一部分人口提供支持 XR 功能的手机，用户无须额外配置硬件就可以使用 XR 功能。

● 许多投资者，从个人天使投资者到私人投资者、风险投资机构，都在投资 XR 技术初创公司，帮助他们将创新的 XR 应用程序推向市场。

● 各国政府在创建网络、成立基金项目、提供财政补贴，促进 XR 技术的发展。

● 学术机构正在以前所未有的速度发表关于 XR 技术的研究论文，这有助于我们更清晰地了解该技术如何应用到特定的领域和应用场景。

虽然"VR 之年"的说法和"笔记本电脑之年"一样不靠谱，但毫无疑问，VR 技术和 AR 技术都有着巨大的价值。同时，部署 XR 技术所需的硬件和软件越来越小、越来越简单，也越来越便宜，这将吸引更多的应用项目和用户。

第十四章

CHAPTER 14

XR 技术
背后的原理

看完第十三章"结论",你大概会觉得本书已经结束了。这倒不一定。对于那些希望更深入了解 XR 技术细节的人,我为你们增设了第十四章的拓展内容。这一部分概述了 XR 技术的不同表现形式,并穿插讲了一些历史轶闻。

XR 技术相关硬件可以分为四个主要类型:

- 头盔显示设备;
- 手持设备;
- 投影系统;
- 大屏幕。

头盔显示设备

头盔显示设备,即头戴式设备,是最常见的 XR 设备。任何人想到 VR 或 AR 时,通常脑海中浮现的就是头戴式设备。在具体的场景中,也俗称耳机、护目镜或智能眼镜。这一类设备包含任何戴在用户头上的、为用户显示数字对象或为用户提供数字环境的技术。

VR 头戴式设备

所有 VR 头戴式设备都由追踪系统、显示屏、处理系统和电源组成。用户在虚拟环境中移动、环顾四周时，追踪系统会记录下这些行为并发送到处理系统，处理系统会根据这些信息计算出用户的位置和视野方向，并相应地更新显示屏显示内容。在现代的 VR 头戴式设备上，显示内容每秒可以更新 120 次，制造出用户在虚拟环境中畅游的幻觉。

如果 VR 设备的处理系统在设备的外部，例如台式计算机，再使用电线将二者连接起来，那么这种设备就叫"系留式设备"。这种形式的设备在使用时有一些缺点，比如不方便（用户在虚拟环境中转身时会被电线缠住）、不安全（用户在虚拟环境中被看不见的电线绊倒可不是什么好事）。这种系统一直是 VR 设备的标配，直到谷歌和三星等公司开始考虑处理系统的替代方案，打算制造出用手机驱动的 VR 设备。随之而来的，就是 2014 年谷歌公司发布的 Google Cardboard（图 14-1）和三星公司发布的 Samsung Gear。据谷歌公司称，截至 2019 年 11 月，Cardboard 的出货量已经超过 1500 万台。

谷歌公司推出的 Cardboard 是有争议的。顾名思义，它就是由硬纸板制成的。它价格低廉，支持贴牌，兼容各种各样的智能手机，而且由于支持扁平包装，它还方便运输。它被广泛接受，是许多用户接触 VR 的切入点。但它的局限性也很明显：内容质量低，不耐用，仅支持一个按钮输入，需要用户手持，而且与许多其他 VR 设备相比，视觉效果不达标。但是，恰如前面的章节所说，如果应用程序合适，这些限制并不妨碍各种组织机构使用它。

图 14-1　谷歌公司发布的 Google Cardboard

　　这些大公司的成果也催生出围绕它们展开的生态系统。谷歌公司创建了 Daydream VR 平台，支持在一批高端手机上运行，以进一步支持消费者对 VR 技术的兴趣。2019 年 10 月，谷歌公司停止了 Daydream 项目，并表示，"我们发现一些明显的限制，智能手机 VR 难以成为长期可行的 VR 解决方案。最值得一提的是，要求用户把手机放到头戴式设备里，导致他们无法访问他们早已习以为常的应用程序会引起用户极大的反感"。

　　大约也在这个时候，一种新型的头戴式设备面世，有望为用户提供更加流畅的体验。这是一种不需要外接手机、电脑或任何外部系统的便携式设备。就这样，独立式 VR 设备自此诞生，如图 14-2 所示，从系留式设备到独立式设备的转变是简单性和用户体验的演变。图 14-2 中左图是 HTC 公司于 2016 年 4 月发布的一款系留式 VR 设备的组件。图 14-2 中右图是 HTC 于 2019 年 4 月发布的一款独立式设备。

独立式 VR 设备默认可以追踪方向，但无法追踪位置。换句话说，用户可以环顾四周，但不能在虚拟环境中移动。这样的设备具有"三自由度"，表示它支持：

- 上下移动；
- 左右移动；
- 顺时针方向和逆时针方向移动；

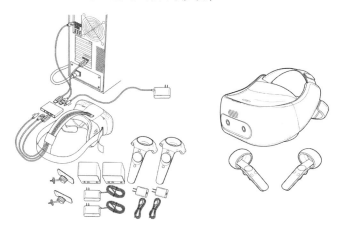

图 14-2　独立式 VR 设备

图 14-3 为眼镜式 VR 头戴式设备的佩戴测试，它需要连接到一个为它提供驱动的手机上。

很快，技术又往前进了一步，独立式设备也可以追踪用户的位置变化了。这不仅实现了设备的便携性，还实现了完整的六自由度功能。现在，用户可以在虚拟环境中查看和移动，不用担心被电线缠住了。

图 14-3　眼镜式 VR 头戴式设备

注：托马斯·盖尔（Thomas Gere）拍摄。

VR 设备的形式

得益于 VR 光学技术的进步，现在的 VR 设备有些看着就像一副大尺寸护目镜，而不再是笨重的大头盔。戴着它们就像戴眼镜一样，两条眼镜腿挂在耳朵上。通常，这种设备由智能手机等外部处理器驱动，打造出一种既是系留式又十分便携的体验。

不过，最容易识别的 VR 设备还是那种尺寸较大的盒式 VR 头戴式设备，它可以是系留式或独立式的（图 14-4）。本书中大多数 VR 案例研究和讨论的大多是这一类设备。

图 14-4　独立式 VR 头戴设备的常见盒状外形示例

注：感谢内夫·巴哈鲁查（Nev Bharucha）允许我们拍摄他的照片。

◉ AR 头戴式设备

AR 技术可以追溯到 1968 年。当时，在犹他大学工作的美国科学家伊万·萨瑟兰（Ivan Sutherland）在他的学生鲍勃·斯普劳尔（Bob Sproull）的帮助下，创造了头戴式设备"达摩克利斯之剑"（Sword of Damocles）。这个设备可以在现实环境中叠加基本 3D 物体的轮廓，比如立方体。用户可以在房间里四处走动，从不同的角度观看虚拟物体——这就是第一款六自由度设备。

"达摩克利斯之剑"得名于一个同名古希腊神话故事，这个故事因古罗马哲学家西塞罗（Cicero）而闻名。传说，叙拉古国王狄奥尼修斯二世（King Dionysius II of Syracuse）的朝臣达摩克利斯获得了体验国王生活的机会，他欣然接受了。达摩克利斯十分享受这一天的体验，当他舒服地坐在国王宝座上时，他才发现国王在他头上悬挂了一把剑，仅用一根马鬃毛吊着。达摩克利斯明白了，强大的力量会带来巨大的危险，当即放弃了体验。

这把古老的剑和萨瑟兰开创性的 AR 硬件有一个共同点——两者都悬挂在用户头顶的天花板上，不过幸好，后者用的是比马鬃毛更安全的材料。

和 VR 一样，AR 设备也有使用手机进行外部驱动的款式，这种设备会将手机的内容投影到透明的镜片上。与其他的设备相比，这种设备通常更便宜。有一些甚至是用硬纸板制成的，类似谷歌的 Cardboard，不过是 AR 版的。较高端的 AR 设备是不需要手机或其他外界设备的独立式设备，这种设备通常内置了所有的处理能力和独立的计算机视觉硬件。

光学透视式 AR 与视频透视式 AR

光学透视式 AR 是更常见、更好理解的 AR 形式。这种设备的镜片通常由玻璃或硬塑料制成，用户可以透过设备的镜片直接观看内容。这种设备通常包含许多摄像头和传感器，可以"理解"和处理用户周围的环境，有效地为用户构建可实时观看的 3D 环境模型。一旦系统"理解"了周围环境，它就能以一种逼真的、空间连接的方式将数字元素引入该环境：例如，将虚拟机器摆放在工厂的地面上、将虚拟家用打印机摆放在用户的桌子上、突出显示设备上的真实按钮，等等。

一些 VR 设备还能通过外接相机（或连接智能手机摄像头）实现 AR 功能。显示屏显示的是相机传送来的视频源，即用户面前的真实世界画面，并在视频上叠加任何"增强"功能或数字信息（图 14-5）。这种概念被称为视频透视式 AR 或透传式 AR，因为叠加了信息层的视图是通过摄像头的视频"透传"给用户的。

视频透视式 AR 比光学透视式 AR 更容易部署，价格也更实惠，因为它只需要一个摄像头和一些处理能力。这种形式的 AR 还可以修改物理元素和数字元素的亮度、对比度和其他视觉参数，在将视频传送给用户之前对视频进行一番优化。遗憾的是，大多数相机的质量都不够好，跟不上人眼，在用户移动头部后，显示屏的更新可能会出现明显的延迟，设备的视野通常跟不上用户的视野，所以最终的效果与现实并不匹配。设备越高端，这种不协调的情况就越不明显。

图 14-5　使用视频透视技术透过 XR 设备看到的真实停车场视图

图片来源：Varjo XR-1 开发者版 AR 设备中的 3D 汽车模型，由沃尔沃提供。

这是一种 AR 体验，图 14-5 中的数字 3D 汽车模型看上去仿似一辆真实停在车位上的汽车。

辅助现实

辅助现实（assisted reality）是一种最基本的 AR 功能：在你的视野中显示一块小屏幕，让你无须用手就能访问数字信息。这块小屏幕可以是不透明的，也可以是透明的，通常是仅对单目呈现的（即信息只通过头部一侧的一块小显示屏传送给一只眼睛）。辅助现实不同于更高级形式的增强现实，它的设备没有搭载任何外接计算机视觉功能。因此，辅助现实显示的数字元素并不会锚定在真实世界的画面上，它们只会显示在用户的视野中，方便用户轻松访问。尽管辅助现实设备不像成熟的 AR 硬件一样备受关注，但它们通常比 AR 设备更便宜，而它也能为用户提供解放双手的、有价值的信息访问功能。

AR 设备的形式

AR 设备的形状和尺寸多种多样。我们大多数人最熟悉的一种款式是智能眼镜——这种眼镜看上去就像是普通眼镜，只是有点笨重。通常这种眼镜会在一条眼镜腿上内置电池和投影系统。这种设备款式因其舒适而熟悉的外观设计而成为消费者和企业之间的桥梁。按设备尺寸从小到大看，下一个要提到的就是一种用于工业目的的智能眼镜。这种眼镜比普通眼镜要笨重得多，有些甚至在其中一侧装有附件：一支支撑着用户视野中的显示屏的臂杆。这个显示屏要么是一块透明的矩形玻璃片或棱镜片，数字元素被投影在其上，要么是一块不透明的显示屏。第三种类型的设备是一种更加笨重的耳机，通常用于工业目的，通过松紧带或可旋扭的锁定轮固定到用户的头部。

👁 追踪技术

VR 追踪技术

在 VR 头戴式设备上追踪三个自由度（旋转）相对简单，通过大多数智能手机上的一组传感器就能实现。追踪六个自由度则是一个复杂得多，也更具挑战性的问题，最初还需要外部硬件对设备的位置进行监控（即"外向内追踪"）。得益于同步定位与地图构建技术（SLAM），现在的六自由度 VR 设备配有摄像头，可以记录真实环境中的可识别点（如餐桌的边角），并结合三自由度传感器数据，推算出用户在环境中的位置以及移动轨迹。嵌入 VR 设备的这种追踪技术，被称为"内向外追踪"。

你知道吗？

许多 VR 设备使用的追踪技术可以确定设备的位置，精度可达一毫米。

AR 追踪技术

如果你想将数字对象锚定在现实环境中，可以通过三种主要方式来实现：

● 标记：基于标记的追踪需要利用静态样式或图像作为触发数字对象的视觉提示。

● 无标记：基于无标记的追踪技术使用 AR 设备的传感器来绘制真实环境，用户可以将数字对象锚定到环境中的某个点，而不需要通过视觉提示来触发。

● 地理位置：基于地理位置的追踪技术主要使用 AR 设备的全球定位系统（GPS）来识别用户的位置。基于地理位置，它可以将数字信息叠加层放置到用户视图中的准确位置上。这种追踪技术通常用于宏观层面的 AR 体验模块，比如在人山人海的音乐节现场用手机显示洗手间方向的视觉提示；用手机显示有相当距离的历史建筑、大型建筑设施或地标，以获取更多相关信息；或者甚至在夜空中辨认行星和恒星。

👁 应用技术

XR 体验可以通过专用的应用程序或 Web 浏览器在设备上运行，这样的应用程序分别被称为原生应用程序和 Web 应用程序。AR、VR 或 XR 的 Web 应用程序有时也会被专门称为 WebAR、WebVR 或 WebXR 应用。这两种应用形式各有利弊。如果有大量信息需要处理，比如高质量图形，原生应用程序通常能支持更高级别的功能，运行也更流畅。Web 应用程序则更容易发布，并且能提供更无缝的用户体验，因为用户不需要从应用商店下载任何东西并安装到设备上。得益于智能手机的普及，许多 AR 体验模块尤其流行使用 WebAR 来发布，因为这样只需要发放一个 Web 链接供最终用户访问。

👁 输入技术

控制 XR 设备及其应用程序，有许多可行方式：
- 手柄控制器；
- 设备按钮；
- 眼神凝视；
- 语音；

● 手部追踪。

不同的设备和软件支持不同的输入方法。

手柄控制器是 VR 头戴式设备最流行和最常见的输入方法。几乎每款 VR 头戴式设备都至少配有一个或两个手柄，通常三自由度设备配一个，六自由度设备配两个。VR 手柄通常带有按键、拇指摇杆、扳机键和触摸板。有些可以监测用户单个手指的位置和压力，允许用户通过手柄在虚拟环境中做出各种各样的手势。用户在培训场景中使用工具或操作机器，或者在虚拟会议中使用身体语言交流建立默契时，这个功能可能很有帮助。

要注意，手柄本身可以是支持三自由度或六自由度的，这通常要和 VR 头戴式设备的自由度相匹配，因此三自由度设备通常配备三自由度手柄，六自由度设备则配备六自由度手柄。

虽然大多数头戴式设备都有按键，允许用户对设备进行开关机和控制音量，但有些设备（通常是三自由度设备）会配有操作按键和可滑动的触摸板，用户可以用来浏览菜单、选择选项。这是一种非常简单的输入方式，大部分用户都能轻松上手，但它的交互水平实在有限，由此也限制了用户可以拥有的体验类型。你可以做得更加简单，干脆就去掉按键，让菜单中的选项在用户看了一两秒之后自动选中（凝视控制）。

使用语音，通过智能音箱（如亚马逊的 Alexa 语音助手）与 XR 设备以外的数字设备进行互动，早已成为公众所认可的一种交互方法。在某些情况下，这种交互方式也可以用于控制 XR 设备及其应用程序功能。

手部追踪技术用于较高端的 AR 设备，并且迅速被 VR 设备采用，成为常用的 VR 输入方式。最初，它是通过摄像机与红外发光二极管（LED）的附加系统来实现，该系统可以跟踪用户的手部和手指的 3D 位置，实时转化为数字形式，并应用于 VR 模块。现在，部分 VR 设备已内置了该功能。

你知道吗？

我们的想法也可以是一种输入方法。当我们思考时，大脑会发生少量的电活动。这些电活动可以经测量转换成数字信号，用于 XR 和其他应用。这项技术已经面世了，但要产生可靠的结果仍需时日。

总结

● XR 头戴式显示器有多种形式，包括从笨重的眼镜到固定在用户头部的更大设备。

● XR 头戴式设备需要的零件中有一块显示屏和一个处理器。如果它们被内置到设备中，这种设备就是独立式设备。如果处理器是计算机等外部系统，那它就是系留式设备。

● 三自由度 VR 头戴式设备允许用户从固定的位置环视虚拟环境。六自由度 VR 设备同样支持这一点，并且允许用户在环境中走动。

- 六自由度 XR 设备需要在三维空间中追踪设备的位置。如果追踪系统内置在设备中，那它使用的就是内向外追踪技术。如果追踪系统是外部系统，那就是外向内追踪技术。

- 有两种方式可以实现 AR：将数字元素叠加到透明显示镜片上（光学透视式 AR）、将数字元素叠加到真实环境的视频源画面上（视频透视式 AR）。

- AR 数字对象可以由物理环境中的视觉标记触发（基于标记追踪），可以在绘制真实环境后将数字对象锚定到任意位置（基于无标记追踪），也可以放置于由用户的 GPS 位置和其他传感器确定的粗略位置（基于地理位置追踪）。

- 辅助现实有时表示用于工业目的的基本 AR 体验。在这种应用中，信息叠加层显示在用户的视野中，无须手动触发。这些信息与用户所处的环境不作关联。

- XR 体验可以通过原生应用程序或通过 Web 浏览器在设备上运行。

- XR 设备支持一种或多种控制方法：手柄控制器、设备案件、眼神凝视、语音和手部追踪。至于设备具体可用哪些控制方法，取决于设备本身和用户使用的软件。

👁 手持设备

VR 手持设备

虽然智能手机常被用于与其他配件一起创建 VR 体验，但它们通常尺寸太小，难以有效地让用户沉浸在虚拟环境中，因此智能手机主要用于 AR 场景。

有一些极简的解决方案，通过将一套口袋大小的可折叠镜片夹到手机上，把手机转换成基本的 VR 观看设备。当应用程序以适当的格式显示在手机上时，图像会在手机上显示为左右格式（SBS），用户的双眼各通过一块镜片接收图像，从而获得与真实 VR 头戴式设备相似的立体效果。尽管这种解决方案备受限制，但在没有高端设备的情况下，这种极简解决方案有助于为利益干系方提供一种具备沉浸感的产品或环境的快速体验。

AR 手持设备

只要智能手机有摄像头，就可以在手机上使用 AR 功能了。你可以在手机摄像头的实时视频流上叠加数字图像和数字对象，从而创建一个基本的 AR 体验。

自从谷歌的 ARCore 和苹果的 ARKit（两种支持构建 AR 应用的软件开发套件）面世以来，智能手机得以支持较高级形式的 AR 功能。支持高级 AR 的智能手机采用 VR 头戴式设备用于内向外追踪的同一 SLAM 技术，通过普通的摄像头即可"看到"用户周围的三维环境，识别出物体的表面，并据此将数字对象放置在真实环境中（比如，在购买家具之前将数字化家具放在办公室以评估安装效果）或提供关于环境的信息（比如，测量墙壁凹进部分的宽度）。

◉ 投影系统

CAVE 系统

在头戴式设备成为 VR 的典型代表之前，科研界和工业应用更多地使用投影系统来使用户沉浸在 3D 数字环境中。这类系统需要一组投影仪，将图像投射到房间的内墙、地板和天花板上，结合一套追踪用户位置的 3D 眼镜，用户在房间内移动会导致数据环境的视角发生相应变化。一个六自由度的控制器提供了这种交互能力。这种系统被称为"洞穴式自动虚拟环境"（cave automatic virtual environment，CAVE）——这是一个递归式缩写，缩写包含在全称中。CAVE 系统的命名也是对古希腊哲学家柏拉图（Plato）"洞穴寓言"思想实验的致意。"洞穴寓言"思想实验非常经典，探讨了人类的感知、幻觉和现实等主题。世界上第一个 CAVE 系统于 1992 年在伊利诺伊大学芝加哥分校部署成功，这里也是"CAVE"这个术语诞生的地方。如今，CAVE 一词被用作通用术语，指称一个向内的、基于投影的沉浸式环境（图 14-6）。并非所有的 CAVE 系统都必须使用投影仪来显示虚拟内容，有些 CAVE 系统可能会使用

显示屏来代替 [①]。

图 14-6　经英国伦敦大学学院 CAVE 系统可视化的虚拟零售店步行街

图片来源：伦敦大学学院计算机科学系大卫·斯瓦普（David Swapp）和安东尼·斯蒂德（Anthony Steed）提供。

　　在工程领域，CAVE 系统常被用于更好地分析和理解事物的规划方案，比如工厂车间、复杂的 3D 结构、流动显示和模拟分析。在生物学、化学、天体物理学或数学等科学领域，CAVE 系统可用来体验 3D 结构、概念和数据，而且支持以更快、更全面的理解方式探索那些太过微小的、太过巨大的、环境太过艰苦的或者不可能探索的世界。

　　　　　　——卡罗莱娜·克鲁兹-内拉（Carolina Cruz-Neira）教授，
　　　　　　美国国家工程院教授、CAVE 系统发明者

---

① 　原文是 Note all CAVE systems will necessarily use projectors to display the virtual content – some may use screens instead.；根据文意和该技术实际的发展情况，译者认为 Note 可能是 Not 的排版错误，因此按 Not 来译。——译者注

CAVE 系统的优势在于能够同时支持多名用户，也不会像 VR 头戴式设备那样将用户与真实环境隔绝开。用户沉浸在数字环境中时，仍可以看到自己的身体和其他用户的身体。

只要专业知识和软件运用得当，投影仪甚至可以用在不同大小甚至形状奇特的房间。圆顶的天花板结构已经成为最受投影系统用户欢迎的房间类型，因为这种形状可以创造出圆润平滑的 360 度数字环境。

CAVE 系统由许多高质量投影仪、一个强大的计算机系统和配套软件组成。这种系统需要一个专门用来投影的房间，而且一经实施就不能轻易换地方。虽然 CAVE 系统非常复杂，但大多数设备都可以对用户隐藏，甚至可以使用背投式投影仪，从半透明的墙壁后方将图像投射到墙面上。

与头戴式设备相比，许多 CAVE 系统都非常昂贵。但如果使用得当，CAVE 系统也可以提供显著的正向投资回报，比如我们接下来要讲的"曼恩公司 CAVE 系统"案例。

曼恩公司 CAVE 系统：用于车辆设计的投影系统

曼恩公司（MAN Truck & Bus）位于德国，是一家运输工程公司。曼恩公司用一个 CAVE 系统创建虚拟车辆模型，以便在制造实物之前发现潜在设计问题并及时消除。其 CAVE 系统位于德国慕尼黑一套 46 平方米的设计设施中，配备有红外摄像机和立体投影仪，可将图像投射到四个大型表面上。

这套设备的处理需求非常高——5 台配置了高端显卡的强大计算机，才能给每个投影表面输出比全高清略高清晰度的影像。

曼恩公司花费了 50 多万美元，由开发部门、后勤部门和生产部门共同打造了这套 CAVE 系统。据曼恩公司称，得益于在早期通过 CAVE 系统识别并解决了大量的车辆设计问题，公司很快就实现了这项投资的收支平衡。否则，若到生产和实物检查环节才发现问题，大量成本就无法挽回了。

VR 的优势在于它为我节省了时间、材料和大量金钱。

——马丁·赖赫尔（Martin Raichl），
曼恩公司高级开发及原型工程师

在 CAVE 系统的帮助下，曼恩公司在车辆进入任何生产步骤之前就识别出多达一半的潜在问题，最早能在投产前一年就识别出来。工程师佩戴 3D 眼镜亲身探索虚拟巴士和虚拟卡车的 VR 模型，系统通过追踪 3D 眼镜，可识别工程师的位置和移动轨迹。工程师还可以用一个控制器与车辆进行交互，以此确定所有必要的组件是否可用。若发现有组件不可用，工程师可设法调整产品或制造流程，以搭建或优化车辆的构造和维修流程。图 14-7 展示了曼恩公司一名工程师使用该系统。

图 14-7 曼恩公司的一名工程师使用
CAVE 投影系统探索 3D 车辆设计

曼恩公司使用了一种模块化套件系统来制造车辆，这套系统会给一系列不同款式的商用车定期使用相同的组件。这样做节约了成本，而且降低了复杂性，因为需要生产、储存和订购的新零件没有那么多。但这个系统也并非毫无瑕疵。比如，某款长途车的组件可能理论上可以适配一款新的服务巴士车型，但服务巴士的其他设计元素可能会导致这个组件无法实际安装。在这种情况下，曼恩公司就可以通过 CAVE 系统，使用 VR 技术提前识别出这种问题。

CAVE 系统在慕尼黑大获成功，于是曼恩公司进一步在奥地利斯泰尔、波兰斯塔拉霍维采、土耳其安卡拉以及德国另一个城市纽伦堡设点，投资虚拟实验室。这些实验室的 CAVE 系统已经实现互通，来自不同国家的同事无须离开他们的工作地点，即可同一时间在同一虚拟车辆上进行协作。

投影映射

投影映射是一项将数字图像投影到对象表面的小众技术。使用这项技术有时是为了创造艺术特效，但它也可用于在合适的地方向用户呈现信息。这项技术过去被称为"空间增强现实"，因为它也是一种用数字信息来"增强"真实环境的 AR 形式。

与其他投影技术一样，投影映射不需要用户佩戴任何头戴式设备或者手持手机，因为这项技术就部署在环境中。不过，这也是它的缺点，因为视觉效果只存在于部署了这套技术的房间，因此便携性很成问题。因此，投影映射经常用在产品广告、艺术设施、大型活动和博物馆，该解决方案一经实施，一般就不会轻易移动。

投影映射可以是静态的，也可以支持互动。比如，用户可通过触击投影内容的元素，查看关于展品的详细信息，或者用户在零售店挑选一只鞋，从而激活提供定制服务的投影内容。

莱恩奥罗克公司：利用 AR 投影系统提高建筑施工效率

莱恩奥罗克公司（Laing O' Rourke）总部位于达特福德，是英国最大的私营建筑公司，拥有约 13000 名员工。

莱恩奥罗克公司与英国政府支持的高价值制造弹射中心（High Value Manufacturing Catapult，HVMC）合作，部署了一套便携式投影映射系统，以提高建筑施工期间"放线"过程的速度和质量。

传统的"放线"工作包括测量和参考固定点（如门框边缘）来标记房间内的物品，如照明开关、喷洒装置和电插座等。这是一项耗时、劳动强度高的工作，需要施工者对多个房间的施工细节保持高度关注。

他们将投影仪连接到手推车上，制作了一部原型机。这部手推车可以推到建筑物的任何位置。不同房间的空间大小不同，基于投影仪投射不同尺寸图像的能力，这部原型机可以覆盖大约 90% 的建筑。建筑信息建模（BIM）数据通常用于建筑项目的设计和规划，在这个案例中也用于施工阶段：将 BIM 数据纳入现成的投影映射软件套件中，软件将指示投影仪在每面墙或天花板上显示相应的内容。

以前，工人平均需要 80 小时才能完成一个楼层的放线工作。在投影系统的帮助下，工人能在 34.5 小时内完成同样的工作量，节省了 57% 的时间。节省下来的时间可以分配给项目的其他工作，因为改良后费时更短的放线工序不再是项目关键路径的一部分。

◉ 大屏幕

要体验数字世界，总归要使用显示屏。在消费领域，我们会使用电视来观看电影、玩视频游戏等。在商业领域，我们会在笔记本电脑上查看 3D 模型和数字孪生模型（真实设备或环境的数字重建模型）等。使用这种观看媒介有着明显的缺点，和 VR 头戴式设备相比，沉浸感没有那么强，毕竟 VR 环境的比例恰当，更能吸引用户。此外，使用大屏幕也无法自如地环顾周围环境，需要使用键盘和鼠标进行导航。

学术领域和工业领域使用大屏幕来实现沉浸目的已经有时日了。许多大屏幕能为用户提供足够强的存在感，尽管存在有一定的限制，但也足以达到 VR 体验的水准。这也是许多人被吸引到 IMAX 影院观影的部分原因，IMAX 影院的大屏幕比普通影院的屏幕大很多倍。

你知道吗？

悉尼 IMAX 剧院的巨型屏幕宽 117 英尺（约 36 米），高 96 英尺（约 29 米），是世界上最大的屏幕。这个尺寸是什么概念呢？同等大小的土地可以容纳 21 辆双层巴士，横向 3 辆，竖向 7 辆。

除了能提供清晰而生动的视觉体验，IMAX 影院还提供同样有助于沉浸式体验的高质量音频系统。不过，考虑到这种系统的大小和复杂性，这种沉浸感的经济成本相当高，便携性则非常低。因此，与 VR 头戴式设备相比，这种系统的限制性比较高。

GSK 公司：使用大屏幕了解购物者行为

葛兰素史克公司（Glaxo Smith Kline，简称 GSK 公司）是一家全球制药和消费保健品公司，总部设在伦敦。该公司的各种药物、口腔保健产品和其他物品在世界各地的药店出售。

为了更有效地营销公司的产品，GSK 公司启动了一个项目，旨在了解购物者在面对不同的药店布局和货物摆放时的反应。这样，GSK 公司就能够向合作药店提出关于最利于销售的实操建议了。

　　在一个正在营业的药店进行测试会非常耗时，而且会对客户造成干扰。因此，为了以更高效和更具成本效益的方式来收集数据，GSK 公司创立了一个购物者科学实验室（Shopper Science Lab）。该实验室占地 930 平方米，有一个半真实、半虚拟的零售环境，利用面部扫描生物识别设备来分析购物者的情绪反应。

　　GSK 用来让用户沉浸在虚拟零售环境中的一个方法是无缝触摸屏。这面大屏被称为"虚拟洞察沉浸式显示墙"（Virtual Insight and Engagement Wall），宽 5.32 米，高 2.55 米（图 14-8）。

图 14-8　GSK 购物者科学实验室使用大屏幕
让用户沉浸在虚拟药店布局中

图片来源：GSK 购物者科学实验室。

使用这项技术，显示墙上可以动态加载不同的商店布局以供测试，购物者通过手柄控制器或触摸屏探索墙上显示的虚拟环境。他们的路径选择、观看内容以及花费在每个区域的时间等数据都可能有价值。将这些数据点记录下来，可用以分析购物者行为，帮助药店优化店内布局和货物摆放，从而提高药店的销售额。

总结

XR 设备有四种不同的类型：头盔设备、手持设备、投影系统和大屏幕。每一种类型的设备都有其优点和缺点（表 14-1）。

● XR 头戴式设备可以是便携式的，也可提供深度的沉浸感，但用户会与现实世界隔绝，有些人会感到不适。

● 许多手持设备能够运行高级 AR 应用程序，但这种设备无法解放用户双手，这对于一些应用来说显得很低效，而且这类设备不宜长时间使用。

● VR 投影系统能创造良好的沉浸感，支持多名用户同时体验，不会使用户与现实世界隔绝，但这类设备可能会很复杂，部署成本高，无法转移。

● AR 投影系统不需要用户进行任何准备工作或硬件设置，非常容易上手，但只能在与用户处在同一位置时使用。因此，与手持设备和头戴式设备相比，这类设备的应用场景更加受限，而且无法方便地转移到其他地方使用。

● 大屏幕是一种我们早已习以为常的技术，用起来非常舒适。然而，如果屏幕不够大，它就无法提供足够强大的沉浸感。而且，大屏幕的便携性极低，成本也非常高。

表 14-1 不同 XR 设备的优缺点

参考指标 \ 设备	头盔显示设备	手持设备	投影系统	大屏幕
沉浸感	高	低	中	中
解放双手	是	否	是	是
成本	低	低	高	高
大规模部署能力	中	高	低	低
便携性	中	高	低	低
多用户	不支持	支持	支持	支持

术语表

如果读者在本书或其他地方遇到令你费解的 XR 术语，请参考这里的术语表。请注意，这里的术语是针对 XR 技术领域而定义的，有些术语在 XR 行业以外可能稍有不同。

◉ 所有的"现实"

虚拟现实（virtual reality，VR）：通过头戴式设备或环绕型显示屏，让用户沉浸在完全数字化的环境中。这种环境可以是由计算机生成的，也可以是从现实世界中录制下来的。

增强现实（augmented reality，AR）：通过移动设备或头戴式设备，向用户呈现现实世界中的数字化信息、物体或媒体。这些数字元素可以以平面图像或者看似真实物体的 3D 模型形式展示。

混合现实（mixed reality，MR）：是一系列技术的统称，从 AR 的部分数字世界到 VR 的完全沉浸式体验都包含在内。然而，人们提及该术语通常指代 AR 中一种将虚拟对象锚定在现实环境中的特定应用方法。

扩展现实（extended reality，XR）：是一系列技术的统称，从 AR 的部分数字世界到 VR 的完全沉浸式体验都包含在内。有时也会使用"沉浸式技术"或"空间计算"等术语作表述。

沉浸式技术（immersive technology）：参见扩展现实。该术语没有缩写，因为"IT"另有所指且已被广泛使用。

空间计算（spatial computing）：参见扩展现实。其缩写"SC"没有真正流行开来，没有得到普遍认可。

辅助现实（assisted reality）：AR 的一个基础领域，数字信息显示在用户的视野中，它并不锚定于真实环境上，用户无须手动触发即可访问。

👁 其他术语

三自由度（3 DoF）：一种追踪技术，只追踪设备的旋转，但不追踪设备的位置。参见第七章中《硬件选型》一节的图解。

六自由度（6 DoF）：一种追踪技术，追踪设备的旋转和位置。参见第七章中"硬件选型"一节的图解。

360 度全景视频或照片（360 video/photo）：360 度拍摄真实环境的视频或照片。

人工智能（artificial intelligence，AI）：计算机科学的一个分支，专门研究建立模拟人类智能的数字系统。

一体设备（all-in-one，AIO）：参见独立式设备。

透传式 AR（AR pass-through）：参见视频透视式 AR。

AR 传送门（AR portal）：一种 AR 体验，通常通过移动设备访问。用户可穿过真实环境中的数字大门，进入完全数字化的环境。

ARCore：谷歌公司发布的一套软件开发工具，用于在安卓系统上构建 AR 体验应用。

ARKit：苹果公司发布的一套软件开发工具，用以在 iOS 系统上构建 AR 体验。

数字形象（avatar）：用户在虚拟世界的数字化身。

建筑信息建模（building information modelling，BIM）：使用全方位的共享数据环境，帮助建筑、工程和施工利益干系方规划、设计、建设和管理建筑和基础设施。

生物特征（biometrics）：与人类特征相关的指标，通常用于身份验证，但也适用于其他领域，比如研究领域。

硬纸板（Cardboard）VR 眼镜：一款由硬纸板和透镜制成的 VR 设备，可以将手机插入其中，通过手机获得基础的 VR 体验。有时也俗称为"谷歌纸板"，因为它最早是由谷歌公司设计的。

洞穴式自动虚拟环境（cave automatic virtual environment，CAVE）：一种通过投影仪将图像投射到墙壁、地板和/或天花板上形成的 VR 环境。投影的图像会随着用户的移动而变化，从而始终保持逼真的用户视角。伊利诺伊大学芝加哥分校最早提出这个概念并建造出首个 CAVE 系统，但这个术语现在已通用化，用于描述任何与此类似的 VR 系统。

Chaperone 边界系统：Steam VR 头戴式设备的安全保护功能，当用户即将到达预设区域的边界时向用户发出警告。

计算机视觉（computer vision）：人工智能和计算机科学的一个领域，旨在赋予计算机系统"理解"它们"看到"的实体对象和真实环境并做出反应的能力。

Constellation 定位系统：傲库路思公司开发的用于 Oculus VR 设备的外向内追踪系统。

晕屏症（cyber sickness）：一些用户在使用 VR 体验和其他数字技术时产生的生理不适。

数字眼镜（digital eyewear）：光学透视式 AR 头戴式显示器。

摄影指导（director of photography，DOP）：360 度全景视频制作团队的一员，负责操作摄像机并监管拍摄工作中的技术问题。

眼动追踪（eye tracking）：一种基于摄像头，追踪眼球运动的技术，用以确定用户在虚拟环境或真实环境中在观看什么内容。

视场（field of view，FOV）：用户看到数字环境的范围。有时会分为水平范围和垂直范围。

游戏引擎（game engine）：一套用于构建 2D 或 3D 应用程序（包括 XR）的可视化开发工具软件包。名称中的"游戏"一词如今是个谬称，因为这些工具也常用于非游戏应用程序。

目镜（goggles）：XR 头戴式设备的一种俗称。

谷歌纸板（Google Cardboard）：参见硬纸板 VR 眼镜。

全球定位系统（global positioning system，GPS）：一种基于卫星的导航系统，用于精确定位设备的位置。

Guardian 边界系统：Oculus VR 头戴式设备的安全保护功能，当用户即将到达预设区域的边界时向用户发出警告。

手部追踪（hand tracking）：一种通常由摄像头和红外 LED 组成的技术系统，用于检测用户的手部和手指，实时在 VR 环境中再现为数字形式。

触觉反馈技术（haptics）：负责向用户提供反馈的技术，用户通过触觉接收到反馈。

头盔显示设备（head-mounted display，HMD）：任何戴在用户头部的可穿戴 XR 设备。

全息视频（holographic video）：参见体三维视频。

平视显示系统（head-up display，HUD）：在用户的常规视场范围内向用户呈现信息的透明显示器。

内向外追踪（inside-out tracking）：独立式 XR 设备内置的位置追踪系统，不间断地处理有关环境变化视图的信息，以确定用户在该环境中的位置移动。

物联网（internet of things，IoT）：一种将设备连接到互联网，使其能够传输和接收数据的系统。有时也用于描述这些接入互联网的设备。

瞳距（interpupillary distance，IPD）：用户双眼之间的距

离，以瞳孔中心为中心，单位为毫米（mm）。

时延（latency）：用户发出指令到收到响应之间的延迟。

灯塔定位系统（Lighthouse）：维尔福公司开发的 VR 外向内追踪系统。

用户运动（locomotion）：用户在 VR 环境中移动的行为。

标记（marker）：用以触发 AR 体验的视觉提示，通常是一张静态图像。

无标记（markerless）：一种不依赖视觉标记的 AR 追踪形式，使用 AR 设备的传感器绘制真实环境，并将 AR 内容锚定到环境中的某个点。

移动设备（mobile device）：手机、平板电脑和类似手持设备的总称。

单视场（monoscopic）：与 360 度全景媒体相关，系统传送给用户左右眼的内容一致。

晕动症（motion sickness）：一些用户因运动产生的生理不适。

光学透视式（optical see-through，OST）AR：一种头戴式 AR 形式，配有透明显示镜片，用于显示覆盖在真实环境上的数字元素。另有视频透视式 AR。

外向内追踪（outside-in tracking）：需要连接外部系统才能运行的位置追踪系统。

透传式（pass-through）：参见视频透视式。

摄影测量法（photogrammetry）：一种利用影像重建 3D 模

型的技术，从不同角度拍摄物体或位置的照片，交由计算机系统处理，最终将物体或位置重建为数字 3D 模型。

兴趣点（point of interest，POI）：360 度全景视频场景的重点部分，旨在吸引观众的注意力。

位置追踪（positional tracking）：定时追踪 XR 设备、控制器或其他装置位置的计算过程。

用户视角（point of view，POV）：VR 体验中用户的视角。

存在感（presence）：用以形容用户完全沉浸在虚拟环境中的感受。

投影映射（projection mapping）：一种 AR 形式，使用投影仪将信息直接显示在实体对象和真实环境上。

实时（real time）：处理数据导致的极微小延迟，用户几乎感觉不到这种延迟。

勘景（recce）：即现场勘察。360 度全景视频制作团队的一项工作，他们会提前勘察拍摄现场，为正式拍摄做准备。

刷新率（refresh rate）：数字显示器每秒更新的次数，单位为赫兹（Hz）。

房间级（room scale）：用以描述支持六自由度的 VR 内容。

空间增强现实（spatial augmented reality，SAR）：参见投影映射。

左右格式（side by side，SBS）：一种显示两个相邻图像或视频的媒体格式，通过 VR 设备观看时，两个图像或视频被分别发送给左右眼。

纱窗效果（screen-door effect，SDE）：一些 VR 头戴式设备的人为视觉现象，有些用户能观察到显示屏上的单个像素，从而产生透过纱窗看世界的错觉效果。

软件开发套件（software development kit，SDK）：与特定硬件或软件相关的一套软件开发工具包，允许开发者用来为该平台构建应用程序。

模拟器晕动症（simulator sickness）：一些用户在使用物理模拟系统时产生的生理不适。

同步定位与地图构建技术（simultaneous localization and mapping，SLAM）：对设备周围环境进行视觉处理的技术，用以构建环境地图，并确定设备该在环境中的位置。

智能眼镜（smart glasses）：可像戴眼镜一样佩戴的 AR 头戴式设备，外观与普通眼镜相似。

独立式（standalone）设备：一体化 XR 设备，不需依赖任何外部硬件运行。

SteamVR 系统：用于 VR 头戴式设备的一组工具和技术，是一个可用于追踪和其他功能的通用系统。

双视场（stereoscopic）：与 360 度全景媒体相关，系统传送给用户左右眼的图像稍有不同，目的是模拟人的左右眼在现实中看到的不同视图。

系留式设备（tethered）：一种需要连接到外部计算系统才能运行的 XR 设备。

恐怖谷理论（uncanny valley）：一个描述人类对机器人的

感觉的概念。机器人在行为和外观上与人类越相似，人类就会对机器人产生越正面的感受；当机器人与人类的相似性超过某个特定程度，机器人就会突然变得令人毛骨悚然或不安。

Unity 引擎：一种用于开发 3D 应用程序（包括 XR 体验）的流行游戏引擎。

Unreal 引擎：一种用于开发 3D 应用程序（包括 XR 体验）的流行游戏引擎。

视觉特效（visual effects，VFX）：在 360 度全景视频拍摄完成的基础上创建或处理的图像。

体三维视频（volumetric video）：一种将人物和实物录制为 3D 视频的技术。

VR 晕屏症（VR sickness）：一种与 VR 体验相关的晕动症。

180 度 VR 视频（VR 180）：谷歌创建的一种视频格式，由摄像机捕获 180 度的内容，支持在 VR 头戴式设备和平板电脑屏幕上观看。

视频透视式（video see-through，VST）AR：一种适用于某些 VR 设备的 AR 类型，来自设备摄像头的视频在呈现给用户之前与数字元素结合，形成 AR 效果。另有光学透视式 AR。

WebAR/WebVR/WebXR：允许 AR/VR/XR 体验模块在 Web 浏览器上运行的技术（即无须专门开发应用程序）。

致　谢

感谢我的伴侣艾丽西娅（Alicia），感谢她在我写这本书的许多清晨、深夜和周末里，总是给我鼓励。

感谢我的兄弟丹尼尔（Daniel），感谢他非常耐心地将我"差不多写完了"和"快好了快好了就差一点点了"的草稿审读了一遍又一遍，并且给出了诚实的建议。

感谢我的父母，感谢他们总是无条件支持我所做的每一件事。

感谢我的朋友们，尽管本书题材与他们的兴趣不符，他们仍表示一定会购买以示支持。特别感谢阿尚克（Ashank）、巴布（Babu）、雅斯（Jas）、普莱姆（Prem）、拉妮（Rani）、塔奈（Tanay）和瓦伦（Varun），感谢他们长久的友谊。

感谢普华永道公司的同事，能与他们共事，我感到非常自豪。

尤其要感谢路易斯·刘（Louise Liu）、安德莉亚·莫厄尔（Andrea Mower）、丹尼尔·埃克特（Daniel Eckert）、乔恩·安德鲁斯（Jon Andrews）、林赛·德帕尔马（Lyndsey DePalma）、马修·戈德史密斯（Matthew Goldsmith）和菲尔·门尼（Phil

329

Mennie）的贡献和支持。

感谢我的编辑杰拉尔丁·科拉德（Géraldine Collard）鼓励我撰写这本书，幸好他对我施加了适当的压力，我才得以及时完稿！

感谢亚莉克丝·鲁尔（Alex Rühl）为本书撰写360度全景视频入门指南，贡献了她的经验和专业知识。

感谢本书中众多提供案例分析的组织机构，它们提供了许多细节和图像，有助于使读者了解这项技术的应用。

感谢我在全球的VR社区和AR社区中采访过的每一个人，感谢他们对我予取予求，慷慨地花时间接受我的采访，并积极提供素材。尤其要感谢汪丛青（Alvin Wang Graylin）、安东尼·斯蒂德（Anthony Steed）、本·雷斯尼克（Ben Resnick）、布莉安娜·本森（Brianna Benson）、查尔斯·金（Charles King）、戴夫·海恩斯（Dave Haynes）、多米尼克·珀奇（Dominik Pötsch）、格雷戈里·霍夫（Gregory Hough）、乔·迈克尔斯（Joe Michaels）、朱利安·罗绍尔（Julian Rocholl）、卡丁·詹姆斯（Kadine James）、迈克·坎贝尔（Mike Campbell）、奥瓦尔·刘（Oval Liu）、帕斯卡尔·麦圭尔（Paschal McGuire）、西·布朗（Si Brown）、史蒂夫·丹恩（Steve Dann）和蒂帕塔特·切纳瓦辛（Tipatat Chennavasin）。我希望在未来几年里，我们都能听到彼此的许多好消息。